Wissenschaftliche Reihe Fahrzeugtechnik Universität Stuttgart

Reihe herausgegeben von

André Casal Kulzer, Stuttgart, Deutschland

Hans-Christian Reuss, Stuttgart, Deutschland

Andreas Wagner, Stuttgart, Deutschland

Das Institut für Fahrzeugtechnik Stuttgart (IFS) an der Universität Stuttgart forscht interdisziplinär sowie technologieoffen an modernen und zukunftsorientierten Fahrzeugkonzepten. In enger Zusammenarbeit mit Partnern aus Industrie und Wissenschaft entstehen neue Lösungen für die Mobilität der Zukunft. Das Institut gliedert sich in drei spezialisierte Lehrstühle, die gemeinsam das gesamte Spektrum der Fahrzeugtechnik abdecken: Der **Lehrstuhl für Fahrzeugantriebssysteme** widmet sich der Forschung nachhaltiger Antriebslösungen für künftige Mobilitätskonzepte. Im Fokus stehen alternative, elektrische sowie hybride Antriebssysteme und deren Komponenten – einschließlich der Nutzung nachhaltiger Energieträger wie Wasserstoff, synthetischer Kraftstoffe und Batterien. Der **Lehrstuhl für Kraftfahrzeugmechatronik** beschäftigt sich mit vernetzten, intelligenten und adaptiven Fahrzeugen. Im Zentrum stehen Fragestellungen zum Automatisierten und Vernetzten Fahren, Diagnose, Ladetechnologien, verteilte Systeme sowie softwarebasierte Fahrzeugfunktionen. Der **Lehrstuhl für Kraftfahrwesen** erforscht die physikalischen Grundlagen der Auslegung zukünftiger Fahrzeugkonzepte. Im Mittelpunkt stehen die Bereiche Aerodynamik, Windkanaltechnik, Akustik/NVH, Fahrzeugdynamik, Reifenmanagement und Thermomanagement Gesamtfahrzeug. Das IFS verfügt über eine vielfältige und hochmoderne Forschungsinfrastruktur, die realitätsnahe Untersuchungen vom Einzelbauteil bis zum Gesamtfahrzeug ermöglicht. Besonders hervorzuheben sind der Multikonfigurations- und Antriebsprüfstand für komplexe Antriebskonzepte, der Stuttgarter Fahrsimulator zur Untersuchung menschlichen Fahrverhaltens, der Aeroakustik-Fahrzeugwindkanal für akustische und strömungstechnische Fragestellungen sowie der Thermowindkanal zur Analyse thermischer Prozesse im Gesamtfahrzeug. Die wissenschaftliche Reihe „Fahrzeugtechnik Universität Stuttgart“ dokumentiert die im Rahmen von Promotionen am IFS entstandene Beiträge zur Mobilität der Zukunft und zeigt deren thematische Vielfalt, methodische Tiefe und Praxisrelevanz.

Reihe herausgegeben von

Prof. Dr.-Ing. André Casal Kulzer
Lehrstuhl für Fahrzeugantriebssysteme
Institut für Fahrzeugtechnik Stuttgart
Universität Stuttgart
Stuttgart, Deutschland

Prof. Dr.-Ing. Andreas Wagner
Lehrstuhl für Kraftfahrwesen
Institut für Fahrzeugtechnik Stuttgart
Universität Stuttgart
Stuttgart, Deutschland

Prof. Dr.-Ing. Hans-Christian Reuss
Lehrstuhl für
Kraftfahrzeugmechatronik
Institut für Fahrzeugtechnik Stuttgart
Universität Stuttgart
Stuttgart, Deutschland

Laura Breitenbücher

Analyse, Prognose und Vermeidung von strömungsinduzierten niederfrequenten Pulsationen am Unterboden von Fahrzeugen

Springer Vieweg

Laura Breitenbücher
IFS, Fakultät 7, Lehrstuhl für
Kraftfahrwesen
Universität Stuttgart
Stuttgart, Deutschland

Zugl.: Dissertation Universität Stuttgart, 2026
D93

ISSN 2567-0042 ISSN 2567-0352 (electronic)
Wissenschaftliche Reihe Fahrzeugtechnik Universität Stuttgart
ISBN 978-3-658-52995-6 ISBN 978-3-658-52996-3 (eBook)
https://doi.org/10.1007/978-3-658-52996-3

Die Deutsche Nationalbibliothek verzeichnet diese Publikation in der Deutschen Nationalbibliografie; detaillierte bibliografische Daten sind im Internet über https://portal.dnb.de abrufbar.

Planung/Lektorat: Deborah Priß
Springer Vieweg ist ein Imprint der eingetragenen Gesellschaft Springer Fachmedien Wiesbaden GmbH und ist ein Teil von Springer Nature.
Die Anschrift der Gesellschaft ist: Abraham-Lincoln-Str. 46, 65189 Wiesbaden, Germany

Vorwort

Die vorliegende Arbeit entstand während meiner Tätigkeit bei der Dr. Ing. h.c. F. Porsche AG in Zusammenarbeit mit dem Bereich Kraftfahrwesen des Instituts für Fahrzeugtechnik der Universität Stuttgart unter der Leitung von Herrn Prof. Dr.-Ing. Andreas Wagner.

Mein besonderer Dank gilt Herrn Prof. Dr.-Ing. Andreas Wagner für die wissenschaftliche Betreuung meiner Promotion sowie für die regelmäßigen und anregenden Diskussionen, die stets zur Vertiefung meiner Forschung beigetragen haben. Ebenso möchte ich Herrn Prof. Dr.-Ing. Stefan Becker herzlich für die Übernahme des Mitberichts und die damit verbundene sehr gute fachliche Unterstützung danken.

Ein besonderer Dank geht an alle Kolleginnen und Kollegen aus der Abteilung Aerodynamik und Aeroakustik sowie dem Konzeptbau der Dr. Ing. h.c. F. Porsche AG für ihre hervorragende Unterstützung, das motivierende Arbeitsumfeld und die großartige Zusammenarbeit.

Ich möchte mich zudem bei Herrn Dr.-Ing. Thomas Wiegand und Herrn Dr.-Ing. Maarten Brink für das mir entgegengebrachte Vertrauen, die wertvollen Anregungen und Diskussionen sowie für die fachliche und persönliche Unterstützung während meiner gesamten Promotionszeit bedanken. Besonders schätze ich die Impulse, die zu meiner persönlichen Weiterentwicklung beigetragen haben.

Ebenso danke ich Herrn Dr.-Ing. Matthias Lang und Frau Francesca Cogotti für ihre Unterstützung bei zahlreichen Windkanalmessungen und den bereichernden wissenschaftlichen Austausch. Mein Dank gilt auch allen Akustikkollegen, insbesondere Herrn Jörg Ocker, für die Unterstützung im Bereich der Akustik.

Nicht zuletzt möchte ich meinen Eltern und meinem Bruder meinen tiefsten Dank aussprechen, die mich während meines gesamten Studiums und meiner Promotion unterstützt haben, stets hinter mir stehen und immer an mich glauben.

Filderstadt — Laura Breitenbücher

Inhaltsverzeichnis

Abbildungsverzeichnis

Tabellenverzeichnis

Abkürzungsverzeichnis

BEV	Battery Electric Vehicle
CFD	Computational Fluid Dynamics
CSD	Cross-Spectral-Density
DPSS	discrete prolate spheroidal sequences
FEM	Finite-Elemente-Methode
FFT	Fast-Fourier-Transformation
FKFS	Forschungsinstitut für Kraftfahrwesen und Fahrzeugmotoren Stuttgart
LBM	Lattice-Boltzmann-Methode
M	Modellmaßstab
MKS	Multikörpersimulation
mR	mit Radspoiler
O	Originalmaßstab
oR	ohne Radspoiler
PIV	Particle Image Velocimetry
POD	Proper Orthogonal Decomposition
SPOD	Spectral Proper Orthogonal Decomposition
VLES	Very Large Eddy Simulation
WG	Wirbelgenerator
WLTP	Worldwide Harmonized Light-Duty Vehicles Test Procedure
WP	Winkelprofil

Formelzeichen

Lateinische Buchstaben

A	m^2	Fläche
a_x	m	Abstand in x Richtung
a_y	m	Abstand in y Richtung
b	m	Breite
$c_{a\,HA}$		Auftriebsbeiwert Hinterachse
$c_{a\,VA}$		Auftriebsbeiwert Vorderachse
c_w		Widerstandsbeiwert
d	m	Durchmesser
f	Hz	Frequenz
f_r	Hz	Resampling-Filter
Δf	Hz	Frequenzauflösung
h	m	Fahrzeugstandhöhe
k	$\frac{m^2}{s^2}$	turbulente kinetische Energie
L_p		Schalldruckpegel

l	m	charakteristische Länge
N		Spektrumsgröße
p_0	Pa	Umgebungsdruck
Re		Reynoldszahl
Re_{krit}		kritische Reynoldszahl
$\mathbf{S}$	$\frac{1}{\text{s}}$	Scherratentensor
$\mathbf{\Delta s}$	m	Partikelverschiebung
Str		Strouhalzahl
T	s	Periodendauer
$\mathbf{T}$	$\frac{1}{\text{s}}$	Deformationsgeschwindigkeitstensor
t	s	Messdauer
t_{s}	s	Einschwingzeit
Δt	s	zeitlicher Abstand
$\mathbf{u}$	$\frac{\text{m}}{\text{s}}$	Vektor der Strömungsgeschwindigkeit
$\bar{\mathbf{u}}$	$\frac{\text{m}}{\text{s}}$	gemittelte Strömungsgeschwindigkeit
$\mathbf{u}'$	$\frac{\text{m}}{\text{s}}$	Geschwindigkeitsfluktuationen
u_∞	$\frac{\text{m}}{\text{s}}$	ungestörte Anströmgeschwindigkeit
u,v,w	$\frac{\text{m}}{\text{s}}$	Geschwindigkeitskomponenten im kartesischen Koordinatensystem

$\mathbf{x}$	m	Ortsvektor im kartesischen Koordinatensystem
x,y,z	m	kartesische Koordinaten
z	m	Höhe
z_{GS}	m	Grenzschichtdicke

Griechische Buchstaben

α_{WG}	$^\circ$	Öffnungswinkel Wirbelgenerator
β_{WG}	$^\circ$	Orientierungswinkel Wirbelgenerator
γ	$^\circ$	Schiebewinkel
γ_{WP}	$^\circ$	Öffnungwinkel Winkelprofil
ϵ	$\frac{m^2}{\mathrm{s}^3}$	Dissipationsrate
η	$\frac{kg}{\mathrm{m}\cdot\mathrm{s}}$	dynamische Viskosität
Λ		Seitenverhältnis
λ	m	Wellenlänge
ν	$\frac{\mathrm{m}^2}{\mathrm{s}}$	kinematische Viskosität
ρ	$\frac{kg}{\mathrm{m}^3}$	Dichte
τ_w	$\frac{\mathrm{N}}{\mathrm{m}^2}$	Schubspannung

Φ		Eigenvektormatrix
φ	$^\circ$	Umfangswinkel
$\Delta\varphi$	$^\circ$	Phasenverschiebung
ω	$\frac{1}{s}$	Wirbelstärke
$\omega_x,\omega_y,\omega_z$	$\frac{1}{s}$	Komponenten der Wirbelstärke

Kurzfassung

Windgeräusche gewinnen in der Automobilindustrie zunehmend an Bedeutung, da sie den Fahrkomfort erheblich beeinflussen. Dies ist insbesondere bei Battery Electric Vehicles (BEVs) der Fall. Die Ursache hierfür liegt darin, dass andere Geräuschquellen, wie beispielsweise der Motor und das Getriebe, wegfallen. Darüber hinaus weisen BEVs aufgrund des fehlenden Abgassystems und der Vorteile hinsichtlich der Widerstandsbeiwerte in der Regel einen sehr glatten Unterboden auf. Obwohl dieser grundsätzlich durch ein niedriges akustisches Störpotenzial gekennzeichnet ist, wurden bei bestimmten Prototypen batterieelektrischer Fahrzeuge tieffrequente Pulsationen im Frequenzbereich unter 20 Hz beobachtet. Diese starken Druckfluktuationen regen den Innenraum des Fahrzeugs über den Luftpfad der Zwangsentlüftung im Heckbereich an. In der Folge entstehen unangenehme Druckschwankungen im Fahrzeuginnenraum, die zu Komforteinbußen für die Passagiere führen. Dieses Phänomen wird als Aero-Wummern bezeichnet.

Trotz zahlreicher Untersuchungen ist der genaue Ursprung der tieffrequenten Druckfluktuationen bislang unbekannt. Um das Aero-Wummern zu verhindern, werden daher gegenwärtig geometrische Modifikationen am Fahrzeugunterboden vorgenommen, wobei insbesondere die Radspoiler angepasst werden. Radspoiler sind Ablenkbleche, die vor den Rädern angebracht sind. Sie dienen der Reduktion des Luftwiderstands und der Herstellung einer optimalen Auftriebsbalance. Diese Anpassungen beeinflussen jedoch nicht nur die aeroakustischen Eigenschaften, sondern auch die aerodynamische Performance der Komponenten. Tritt das Aero-Wummern auf, sind häufig zahlreiche Iterationsschleifen im Windkanal erforderlich, um geeignete Gegenmaßnahmen zu entwickeln. Da das Aero-Wummern zudem von der Fahrzeugkonfiguration abhängt, muss die Wirksamkeit der Maßnahmen für sämtliche Fahrzeugkonfigurationen validiert werden. Geometrieänderungen in einer späten Phase des Fahrzeugentwicklungsprozesses können erhebliche Kosten verursachen.

Ziel dieser Arbeit ist es, robuste Maßnahmen zu entwickeln, die das Aero-Wummern unabhängig von der Fahrzeugkonfiguration verhindern. Zudem sollen diese Maßnahmen keine nachteiligen Auswirkungen auf die aerodynamische Performance des Fahrzeugs haben. Hierfür ist es zunächst erforderlich, die genaue Ursache des Strömungsphänomens zu identifizieren. Um die Untersuchung unabhängig von einem bestimmten Fahrzeugtyp durchzuführen und das Strömungsphänomen isoliert zu betrachten, wird zunächst ein generisches Fahrzeugmodell verwendet und angepasst. An diesem SAE-Körper wird das Aero-Wummern durch entsprechende Anbauteile am Unterboden erzeugt. Anschließend werden umfangreiche Windkanalmessungen am SAE-Körper durchgeführt. Dabei werden sämtliche geometrischen Konfigurationen mittels Oberflächenmikrofonen und Particle Image Velocimetry (PIV)-Messungen bewertet. Im Rahmen dieser Arbeit werden zwei Konfigurationen verglichen. Nur bei einer Konfiguration tritt das Aero-Wummern auf.

Aus den Druckdaten der Oberflächenmikrofone werden Frequenzspektren mittels der Fast-Fourier-Transformation (FFT) berechnet. Die PIV-Messungen liefern die zweidimensionalen transienten Geschwindigkeiten in einer Ebene unterhalb des Fahrzeugunterbodens. Neben der Analyse der mittleren und momentanen Geschwindigkeit werden zunächst die Geschwindigkeitsfluktuationen untersucht. Die Ω-Methode wird für die Identifikation und Visualisierung von Wirbeln eingesetzt. Die Spectral Proper Orthogonal Decomposition (SPOD)-Methode wird angewendet, um kohärente Strukturen zu identifizieren.

Aus den gewonnenen Erkenntnissen kann der Entstehungsmechanismus des Aero-Wummerns erläutert werden. Insbesondere der vordere Radspoiler spielt eine entscheidende Rolle bei der Entstehung dieses Phänomens. An allen Kanten des Radspoilers kommt es zur Strömungsablösung, wobei die Kelvin-Helmholtz-Instabilität die Ursache für die anschließende Wirbelbildung darstellt. Die an der Innenkante des Radspoilers gebildete Scherschicht weist einen starken Gradienten auf, und die Breite der Scherschicht nimmt in Strömungsrichtung zu. Folglich erhöht sich auch die Größe der Wirbel, die in der Scherschicht entstehen. Jeder Radspoiler besitzt zwei vertikale Seitenkanten, deren Scherschichten hinter dem Radspoiler in Wechselwirkung treten und zur Bildung einer Kármánschen Wirbelstraße führen. Ähnlich wie hinter einem querangeströmten Zylinder lösen sich periodisch, alternierend und regelmäßig Wirbel ab, was die Ursache für die ausgeprägte Periodizität in der Strömung ist. Auch an den hinteren Anbaukomponenten kommt es zur Strömungsablösung.

Die starke Periodizität in der Strömung führt dazu, dass die Ablösungen bei derselben Frequenz getriggert werden. Im Heckbereich des Fahrzeugs überlagern sich die Ablösungen aus dem Front- und Heckbereich. Zudem befinden sich die hinteren Anbaukomponenten im Bereich der Nachlaufwechselwirkung der vorderen Radspoiler und der Vorderräder. Dies führt zu einem weiteren Anstieg der transienten Druckschwankungen.

Bisher wurde das Aero-Wummern hauptsächlich durch Messungen im Windkanal untersucht. Um bereits frühzeitig im Fahrzeugentwicklungsprozess Aussagen über die tieffrequenten Druckfluktuationen im Bereich des Fahrzeugunterbodens treffen zu können, sollen Computational Fluid Dynamics (CFD)-Simulationen eingesetzt werden. Hierdurch lassen sich die Kosten im Fahrzeugentwicklungsprozess signifikant reduzieren, während gleichzeitig eine frühzeitige Bewertung potenzieller Gegenmaßnahmen ermöglicht wird. Die Ergebnisse der CFD-Simulation des SAE-Körpers werden mit den Windkanalergebnissen validiert. Anschließend wird ein Bewertungsschema entwickelt, das es ermöglicht, zukünftige Fahrzeugkonfigurationen hinsichtlich des Aero-Wummerns zu bewerten.

Die gewonnenen Erkenntnisse über den Entstehungsmechanismus des Aero-Wummerns werden genutzt, um geeignete Gegenmaßnahmen zu entwickeln. Hierbei werden zwei unterschiedliche Ansätze betrachtet: Zum einen werden Störkörper in Form von Winkelprofilen am Unterboden angebracht, und zum anderen werden Wirbelgeneratoren im Bereich des vorderen Radspoilers untersucht. Die Wirksamkeit beider Maßnahmen wird durch Windkanalmessungen und CFD-Simulationen bestätigt. Zudem wird die Scherschicht hinter der Radspoilerinnenkante als die effektivste Position für die Störkörper identifiziert. Es wird demonstriert, dass durch eine Kombination der Maßnahmen eine weitere Reduktion der tieffrequenten Druckfluktuationen erzielt werden kann.

Anschließend werden die Maßnahmen auf eine Limousine übertragen. Hierbei werden neben den Messungen mit Oberflächenmikrofonen im Diffusorbereich auch der Schalldruckpegel im Innenraum mittels Kunstköpfen bewertet. Darüber hinaus ermöglicht die Messung mit drehenden Rädern eine zuverlässige Analyse der Aerodynamik des Fahrzeugs. Durch eine Variantenstudie mit unterschiedlichen Rädern, Geschwindigkeiten und Positionen der Kühlluftklappen wird die Robustheit der entwickelten Maßnahmen bestätigt. Die akustischen

Messungen zeigen, dass die Gegenmaßnahmen insbesondere im hohen Geschwindigkeitsbereich erforderlich sind. Bei diesen Geschwindigkeiten ist der Einfluss auf die aerodynamischen Beiwerte geringer als bei niedrigeren Geschwindigkeiten. Daher wird empfohlen, die Gegenmaßnahmen adaptiv zu gestalten.

In dieser Arbeit wird das tieffrequente Strömungsphänomen Aero-Wummern umfassend untersucht. Die Motivation hierfür liegt darin, dass trotz zahlreicher Untersuchungen der genaue Entstehungsmechanismus bislang unbekannt ist und eine Reduzierung der tieffrequenten Druckfluktuationen derzeit häufig zulasten der aerodynamischen Leistungsfähigkeit des Fahrzeugs erfolgt. Zu diesem Zweck werden zunächst umfangreiche Windkanalmessungen durchgeführt und systematisch ausgewertet, um den genauen Entstehungsmechanismus des Aero-Wummerns zu identifizieren. Darauf aufbauend wird ein CFD-Simulationsmodell aufgebaut sowie ein Bewertungsschema entwickelt, mit dessen Hilfe zukünftige Fahrzeugkonfigurationen bereits in einer frühen Phase des Entwicklungsprozesses hinsichtlich dieses Phänomens beurteilt werden können. Somit kann die Anzahl kostenintensiver Windkanalmessungen reduziert werden. Abschließend werden potenzielle Maßnahmen zur Vermeidung des Aero-Wummerns erarbeitet und deren Wirksamkeit verifiziert.

Abstract

Wind noise is becoming increasingly important in the automotive industry, as it significantly affects driving comfort. This is particularly true for Battery Electric Vehicles (BEVs), as other sources of noise - such as the engine and transmission - are eliminated. Furthermore, BEVs typically exhibit a highly streamlined underbody due to the absence of an exhaust system, which contributes to a lower drag coefficient, thereby enhancing the vehicle's range and efficiency. Although the underbody is generally characterized by a low acoustic interference potential, low-frequency pulsations below 20 Hz have been observed in certain prototypes of battery electric vehicles. Investigations have shown that flow separations from the areas of the front and rear wheels superimpose at the rear diffuser. This results in the development of coherent structures that are not disturbed due to the closed and streamlined underbody. These strong pressure fluctuations excite the vehicle's interior as a Helmholtz resonator through the air path of the ventilation exits in the rear area. Consequently, uncomfortable pressure fluctuations develop within the vehicle interior, leading to a reduction in passenger comfort. This phenomenon is designated as 'underbody buffeting' in this work.

Currently, underbody buffeting is mitigated through geometric modifications to aerodynamically effective components, such as wheel spoilers. Wheel spoilers are deflectors positioned in front of the wheels to reduce aerodynamic drag and achieve the desired lift balance. However, geometric alterations to the vehicle underbody influence not only the acoustic properties but also the overall aerodynamics of the vehicle. Furthermore, underbody buffeting is affected by the vehicle configuration. It is well known that the opening of cooling shutters, as well as the wheel design, significantly impacts the magnitude of pressure fluctuations. Therefore, numerous wind tunnel investigations are essential to develop appropriate countermeasures and validate their effectiveness across all vehicle configurations. This necessity may result in late geometric modifications during the vehicle development process, leading to increased costs.

The objective of this thesis is to develop robust measures that effectively prevent underbody buffeting, irrespective of the vehicle configuration. Additionally, these measures should not adversely impact the aerodynamic performance of the vehicle. To accomplish this, it is essential to first identify the precise cause of the flow phenomenon. A comprehensive understanding of the underlying mechanisms is crucial for the development of targeted and effective measures. To facilitate an investigation that is independent of a specific vehicle type and to isolate the flow phenomenon, a generic vehicle model is initially created. For this purpose, a generic car reference model - the so-called SAE body - with a smooth underbody is utilized. Its geometry is modified by adding underbody components to induce underbody buffeting. The underbody components consist of simplified geometries designed to represent the wheels and wheel spoilers. This simplification of the underbody geometries enables a comparison of their flow characteristics with those of generic bodies that have been previously examined in the literature.

First, the flow around the front wheel spoilers is analyzed, as these components play a decisive role in the development of underbody buffeting. In its simplest form, the wheel spoiler can be represented as a vertically oriented flat plate mounted on a ground plane. Numerous studies in the literature have explored the flow dynamics around such configurations. Flow separation occurs at the three free edge boundaries, leading to the development of shear layers. The shear layers of the two vertical side edges of the plate interact, and the periodic and alternating shedding of vortices results in the formation of a Kármán vortex street, which is ultimately responsible for the pronounced periodicity observed in the flow.

Next, wind tunnel measurement are conducted on the SAE body, with all geometric configurations being evaluated through the use of surface microphones and particle image velocimetry (PIV) measurements. In this work, two configurations are compared, differing only in the presence of front wheel spoilers. The underbody buffeting only occurs in the configuration with front wheel spoilers.

The PIV experiments were conducted in the model wind tunnel of the Research Institute for Automotive Engineering and Powertrain Systems Stuttgart (FKFS). For reasons of availability, cost, and manageability, measurements are performed at model scale. The scalability of underbody buffeting is therefore first examined using Computational Fluid Dynamics (CFD) simulations of both full-scale and scaled SAE bodies. By matching Reynolds and Strouhal numbers, comparable behavior is observed. Together with additional preliminary wind tunnel studies, this justifies the investigation at model scale.

To measure the flow velocity in a plane beneath the vehicle underbody, the wind tunnel floor is removed and replaced with a plate featuring glass panels. All measurements are conducted with stationary wheels. To ensure that underbody buffeting is reliably captured despite these modifications, several preliminary investigations are undertaken.

Frequency spectra are calculated from the pressure data obtained from the surface microphones placed on the vehicle underbody using Fast Fourier Transformation (FFT). The PIV measurements provide the two-dimensional transient velocities. Images of the mean velocities and the velocity fluctuations are analyzed, with the latter indicating pronounced vortex structures in the configuration with front wheel spoilers.

The Ω-method is applied for vortex identification. The evaluations indicate that, in the configuration with front wheel spoilers, vortices predominantly form at the shear layer emanating from the inner edge of the wheel spoiler. The entire flow field in the diffuser region is characterized by vortex structures. In contrast, the configuration without front wheel spoilers generates significantly fewer vortices.

The Spectral Proper Orthogonal Decomposition (SPOD) method is used to identify frequency-dependent coherent structures in the flow. The SPOD spectra of the velocity data reveal maxima at the same frequencies as the pressure data obtained from the surface microphones. In the front region, most energy is contained in the first SPOD mode, while in the rear it is distributed over the first two modes, indicating one or two dominant flow mechanisms. The representations of the individual modes at the corresponding frequencies suggest that the flow separation at the front wheel spoilers is responsible for the energy-rich coherent structures in the flow. Additional separations at the rear, likely triggered at the same dominant frequency, interact with upstream structures and further increase pressure fluctuations.

These insights facilitate an explanation of the mechanisms underlying the underbody buffeting phenomenon. In particular, the front wheel spoiler plays a crucial role in the generation of this phenomenon. Flow separation occurs at all edges of the wheel spoiler, with the Kelvin-Helmholtz instability serving as the primary cause of the subsequent vortex formation. The SPOD analysis indicates that the origin of large-scale coherent structures is mainly located at the inner edge of the wheel spoiler. Due to the significant difference between the slow wake flow behind the wheel spoiler and the rapid external flow in the center of the vehicle, the shear layer in this region exhibits a pronounced velocity gradient. In the positive x-direction, the width of the shear layer increases while its gradient diminishes.

Vortex formation is not confined to the region directly behind the wheel spoilers, as it would be observed with a turbulence grid. Instead, vortices are continuously generated along the entire shear layer due to the persistent shearing action. The size of the vortices formed corresponds to the thickness of the shear layer. As the shear layer expands in the longitudinal direction of the vehicle, the vortices generated immediately behind the wheel spoiler are smaller than those formed further downstream. This phenomenon accounts for the significantly larger vortices generated in the rear area compared to those in the front area. In accordance with the energy cascade theory, large-scale vortices break down into smaller structures and are ultimately dissipated. The generation of vortices occurs through the extraction of kinetic energy from the mean flow. The largest vortices form in the shear layer downstream of the inner edge of the wheel spoiler in the rear area of the vehicle, where the shear layer exhibits a pronounced velocity gradient and expands downstream.

Each wheel spoiler features two vertical side edges, whose shear layers interact behind the wheel spoiler, resulting in the formation of a Kármán vortex street. Similar to the behavior observed behind a cylinder in cross-flow, vortices are shed periodically, alternately, and regularly, which accounts for the pronounced periodicity in the flow. The flow separation at the lower edge of the wheel spoiler generates a roof vortex that diminishes the strength of the Kármán vortex street. The minimal distance between the lower edge of the wheel spoiler and the wind tunnel floor likely impedes the formation of the roof vortex. Consequently, the Kármán vortex street is less attenuated and exerts a dominant influence on the flow.

Since the highest sound levels typically occur in the rear region of the vehicle, the phenomenon is strongly influenced by rear components. Flow separation occurs at these components, and interference effects with nearby wheels and wheel spoilers cannot be neglected due to their close proximity. The rear mounting geometries lie within the wake interaction zone of the front structures, resulting in a slow and highly turbulent inflow toward the rear wheels, with only minor upstream influence. The pronounced flow periodicity triggers separations at a common frequency, further increasing pressure fluctuations. Additionally, the rear wheels and diffuser constrict the flow field and guide it toward the vehicle center, where separations from front and rear geometries overlap and amplify the fluctuations.

In this work, a CFD simulation workflow is developed to evaluate underbody buffeting in future simulations. The Lattice Boltzmann Method (LBM) solver PowerFLOW is used. To ensure comparability with wind tunnel experiments, a stationary, frictional floor and a boundary layer consistent with FKFS test conditions are implemented. A symmetric Cartesian grid is applied, with refined resolution in the underbody region. Evaluation planes beneath the vehicle store transient flow data, and virtual surface microphones are positioned on the SAE body underbody. The simulation results are validated against wind tunnel data by comparing frequency spectra from surface microphones, as well as mean velocity differences and velocity profiles. The comparison confirms that underbody buffeting can be reliably represented through CFD simulation. Based on this, an evaluation scheme is introduced to assess vehicle configurations with respect to underbody buffeting. It includes frequency spectra, decibel maps, and overall sound pressure levels within the relevant frequency range. These results can be directly compared with baseline configurations, enabling early assessment during vehicle development and reducing the need for cost-intensive wind tunnel testing.

The insights gained on the mechanisms of underbody buffeting are used to develop appropriate countermeasures based on two approaches. First, disturbance elements in the form of angle profiles are mounted on the underbody to impede the formation of Kármán vortex streets originating from the front wheel spoilers. Second, vortex generators are placed near the front wheel spoiler to generate a longitudinal vortex in the main flow direction and modify the shear layer development at the inner edge. The effectiveness of both measures is validated experimentally and numerically, and their combination leads to a further reduction of low-frequency pressure fluctuations.

Finally, the countermeasures are implemented on an actual vehicle. Configurations featuring a vortex generator are examined, along with configurations in which a second vortex generator is positioned within the shear layer. The sound pressure level is measured using surface microphones in the diffuser area and artificial heads in the vehicle interior. Additionally, measurements with rotating wheels facilitate the assessment of the vehicle's aerodynamic coefficients. The robustness of the countermeasures is validated through variations in velocity, specifically within the range of 140 to 200 km/h, the positioning of the cooling shutters, and the wheel configurations, including the size and design of the rims. The acoustic measurements indicate that the countermeasures are particularly essential at high velocities. At these velocities, the negative influence on the aerodynamic coefficients is less pronounced compared to lower velocities. Therefore, it is recommended to implement the countermeasures adaptively. Furthermore, the adaptive vortex generators could potentially be utilized to adjust the lift balance.

In summary, this thesis provides a comprehensive examination of underbody buffeting. The motivation for this study stems from the fact that, despite numerous investigations, the exact mechanism behind its occurrence remains unknown, and the reduction of low-frequency pressure fluctuations often comes at the expense of the vehicle's aerodynamic performance. To address this, extensive wind tunnel measurements are first conducted and systematically analyzed to identify the precise cause of underbody buffeting. Building on these results, a CFD simulation model is developed, along with an evaluation scheme that enables the early assessment of future vehicle configurations regarding this phenomenon, thereby reducing the number of cost-intensive wind tunnel measurements. Finally, potential countermeasures to prevent underbody buffeting are devised and their effectiveness is verified. Further optimization iterations are planned to enhance the aerodynamic performance of the countermeasures. For this purpose, the CFD simulation setup developed during this research, along with the established evaluation scheme, can be employed.

1 Motivation und Zielsetzung

Aufgrund des Wegfalls anderer Geräuschquellen, wie beispielsweise des Motors oder des Getriebes, steigt die Relevanz der Windgeräusche für den Innenlärm bei Battery Electric Vehicles (BEVs) im Vergleich zu Verbrennerfahrzeugen. Folglich sind deutlich weniger Maskierungseffekte festzustellen und Strömungsgeräusche gewinnen bereits bei niedrigeren Geschwindigkeiten an Bedeutung. Darüber hinaus steigen die Erwartungen der Kunden an das Innenraumerlebnis und die akustische Qualität. [1]

Im Allgemeinen treten die stärksten Druckfluktuationen, die als Ursache für den Innenlärm im Fahrzeug gelten, in Bereichen abgelöster und wirbelbehafteter Strömungen sowie in sich wiederanlegenden Scherschichten auf. Die Wechselwirkung der abgelösten Strömung mit der Fahrzeugoberfläche erzeugt dipolartige Geräuschquellen. Die größten Geräuschquellen am Fahrzeug sind Ablösungen an den Radkästen, an der A-Säule, am Seitenspiegel und, wenn vorhanden, an der Abgasanlage. Im niedrigen Frequenzbereich unter 1 kHz dominiert der Beitrag der Unterbodenströmung. [2, 3, 4]

Um den Luftwiderstand zu verringern und die Reichweite von BEVs zu optimieren, weisen diese in der Regel einen stromlinienförmigen Unterboden auf. Diese Unterbodenform zeichnet sich durch ein geringes akustisches Störpotenzial aus. Bei bestimmten Prototypen batterieelektrischer Fahrzeuge der Porsche AG konnten niederfrequente Pulsationen mit Frequenzen unter 20 Hz beobachtet werden. Untersuchungen haben gezeigt, dass sich Ablösungen von den Bereichen der Vorder- und Hinterräder am Heckdiffusor überlagern [5, 6]. Es entstehen kohärente Strukturen, die aufgrund des geschlossenen und glatten Unterbodens nicht gestört werden. Die starken Druckfluktuationen regen den Innenraum über die Entlüftungskanäle als Helmholtz-Resonator an, was zu unangenehmen Druckschwankungen und Komforteinbußen für die Passagiere führt [7]. Das Strömungsphänomen wird aufgrund des Entstehungsmechanismus sowie des vorliegenden Frequenzbereichs im Folgenden als Aero-Wummern bezeichnet.

L. Breitenbücher, *Analyse, Prognose und Vermeidung von strömungsinduzierten niederfrequenten Pulsationen am Unterboden von Fahrzeugen*, Wissenschaftliche Reihe Fahrzeugtechnik Universität Stuttgart, https://doi.org/10.1007/978-3-658-52996-3_1

Trotz umfangreicher Untersuchungen bleibt der genaue Mechanismus, der den tieffrequenten Druckfluktuationen zugrunde liegt, bisher unklar. [5, 7]. Derzeit wird das Aero-Wummern durch geometrische Modifikationen an aerodynamisch wirksamen Anbauteilen, wie beispielsweise den Radspoilern, unterbunden. Radspoiler sind Ablenkbleche, die vor den Rädern angebracht sind, um den Luftwiderstand zu reduzieren und die gewünschte Auftriebsbalance herzustellen. Geometrische Modifikationen am Fahrzeugunterboden haben jedoch nicht nur Auswirkungen auf die akustischen Eigenschaften, sondern auch auf die Aerodynamik des Fahrzeugs. Die Geometrie der Radspoiler wird im Verlauf des Fahrzeugentwicklungsprozesses mehrfach angepasst und wird erst zu einem späten Zeitpunkt endgültig festgelegt. Daher ist es erforderlich, während des gesamten Entwicklungsprozesses in regelmäßigen Abständen zu überprüfen, ob die akustischen Grenzwerte im niederfrequenten Bereich des Fahrzeugs eingehalten werden.

Darüber hinaus wird das Aero-Wummern durch die Fahrzeugkonfiguration beeinflusst. Es ist bekannt, dass das Öffnen der Kühlluftklappen sowie die Auswahl der Reifen und Felgen die Höhe der Druckfluktuationen signifikant beeinflussen. Gegenwärtig sind daher zahlreiche Windkanaluntersuchungen erforderlich, um geeignete Gegenmaßnahmen zu entwickeln und deren Wirksamkeit für sämtliche Fahrzeugkonfigurationen zu validieren. Dies kann zu späten Geometrieänderungen im Fahrzeugentwicklungsprozess und damit zu hohen Kosten führen.

Eine weitere aktuell eingesetzte Maßnahme zur Reduzierung des Aero-Wummerns besteht darin, an der Zwangsentlüftung eine Hutze zu installieren. Diese Maßnahme bewirkt eine Veränderung der Resonanzfrequenz des Innenraums. Allerdings wird dadurch nicht die Entstehung der tieffrequenten Druckfluktuationen verhindert.

Ziel dieser Arbeit ist zunächst die Identifikation des Entstehungsmechanismus des Aero-Wummerns. Dafür werden umfangreiche Windkanalmessungen durchgeführt. Darüber hinaus wird ein Simulationsmodell entwickelt und validiert, um zukünftige Fahrzeugkonfigurationen hinsichtlich des Aero-Wummerns frühzeitig im Fahrzeugentwicklungsprozess mittels Computational Fluid Dynamics (CFD)-Simulation bewerten zu können. Zu diesem Zweck wird ein Bewertungsschema entwickelt. Dies stärkt die Einsetzbarkeit der CFD-Simulation und reduziert die Anzahl kostenintensiver Windkanalmessungen. Basierend auf den Erkenntnissen zum Entstehungsmechanismus und unter Verwendung von CFD-Simulationen und Windkanalexperimenten werden schließlich Gegenmaßnahmen entwickelt und bewertet. Diese Maßnahmen haben das Ziel, unabhängig von der Fahrzeugkonfiguration und idealerweise auch unabhängig vom Fahrzeugtyp die strömungsinduzierten niederfrequenten Druckfluktuationen zu reduzieren und gleichzeitig die Anforderungen an die Fahrzeugaerodynamik zu erfüllen. Im Rahmen dieser Arbeit wird keine strukturelle Anregung des Unterbodens berücksichtigt. Solche Effekte könnten mit der Finite-Elemente-Methode (FEM) oder mit Multikörpersimulation (MKS) simuliert werden.

2 Grundlagen und Stand der Forschung

In diesem Kapitel werden die notwendigen Grundlagen zum Verständnis dieser Arbeit erläutert und dabei relevante Formeln und Bezeichnungen eingeführt. Zudem wird auf den Stand der Forschung eingegangen.

2.1 Strömungsmechanische Grundlagen

Bei Fahrzeugen handelt es sich um stumpfe Körper, deren Umströmung im Folgenden näher betrachtet wird. Der Schwerpunkt dieser Arbeit liegt auf der Untersuchung des Fahrzeugunterbodens. Daher wird im Folgenden auf die Umströmung der Geometrien am Unterboden sowie auf deren gegenseitige Interferenzen eingegangen.

2.1.1 Die Umströmung stumpfer Körper

Dimensionslose Kenngrößen dienen der Beschreibung charakteristischer Eigenschaften von Strömungen. Mithilfe der Dimensionsanalyse kann ein Problem auf weniger dimensionslose Kenngrößen reduziert werden.

Das Verhältnis von Trägheits- zu Zähigkeitskräften in einer Strömung wird über die Reynoldszahl Re beschrieben. Diese für die Charakteristik einer Strömung maßgebliche Kennzahl ist definiert als

$$Re = \frac{u_\infty \cdot l}{\nu}. \qquad \text{Gl. 2.1}$$

In Gleichung 2.1 ist u_∞ die ungestörte Anströmgeschwindigkeit, l ist die charakteristische Länge des umströmten Körpers und ν gibt die kinematische Viskosität des Fluids an. Die Reynoldszahl definiert, ob es sich um eine lamina-

L. Breitenbücher, *Analyse, Prognose und Vermeidung von strömungsinduzierten niederfrequenten Pulsationen am Unterboden von Fahrzeugen*, Wissenschaftliche Reihe Fahrzeugtechnik Universität Stuttgart, https://doi.org/10.1007/978-3-658-52996-3_2

re oder um eine turbulente Strömung handelt. Der laminar-turbulente Umschlag wird durch die kritische Reynoldszahl Re_{krit} markiert und ist abhängig vom Druckgradienten, dem Turbulenzgrad der Anströmung sowie der Oberflächenrauigkeit. [8, 9].

An stumpfen Körpern können trotz stationärer Anströmbedingungen instationäre Nachlaufgebiete entstehen, wenn es zur Strömungsablösung kommt. Das wohl bekannteste instationäre Phänomen ist die Bildung einer Kármánschen Wirbelstraße. Hierbei lösen die Wirbel periodisch alternierend und regelmäßig, mit gegensätzlicher Drehrichtung, vom Körper ab und fließen stromab. [8, 9]

Beispielhaft wird ein querangeströmter Kreiszylinder betrachtet. Bei einer laminaren Anströmung mit $Re < 40$ liegt bei diesem ein stationäres Nachlaufgebiet vor. Im Gegensatz dazu entsteht ab $Re \approx 80$ eine instationäre Kármánsche Wirbelstraße. Diese ist in Abbildung 2.1 a) schematisch dargestellt. [8]

a) b)

Abbildung 2.1: Schematische Darstellung der Umströmung eines Kreiszylinders ohne a) und mit b) Trennebene

Durch das Einbringen einer Trennplatte in den Nachlauf des Kreiszylinders kann der Queraustausch zwischen den Wirbeln unterbunden werden. Das periodische Ablösegebiet wird unter Widerstandsreduktion in ein nichtperiodisches überführt. Die Umströmung des querangeströmten Kreiszylinders mit Trennplatte im Nachlauf ist schematisch in Abbildung 2.1 b) dargestellt. [10]

Neben der Reynoldszahl ist die Strouhalzahl Str eine weitere wichtige dimensionslose Kenngröße, welche die dimensionslose Frequenz der Wirbelbildung darstellt und sich mit der Frequenz f nach

$$Str = \frac{f \cdot l}{u_\infty} \quad \text{Gl. 2.2}$$

berechnen lässt. Für einen querangeströmten Kreiszylinder liegt sie typischerweise im Bereich von $Str = 0,18 - 0,2$. [11, 12, 13]

2.1.2 Räder und Radspoiler

Fahrzeuge mit einem glatten Unterboden sind sehr strömungsgünstig, weshalb der Anteil der Räder am Luftwiderstand bei diesen Fahrzeugen die Hälfte des Gesamtwiderstands ausmachen kann. Ursachen sind neben der Schräganströmung der stumpfen Körper, wie dem Rad und dem Radhaus, auch die starke Verwirbelung im Radhaus sowie um die Reifen. Diese Ablösungen und Verwirbelungen können zudem aeroakustische Geräuschquellen darstellen. Der Luftwiderstand ist am geringsten, wenn die Vorderräder möglichst parallel zur Fahrtrichtung angeströmt werden und die Felgen eine möglichst geschlossene Geometrie aufweisen. [10, 14, 15]

Um Strömungsverluste durch Rad und Radhaus zu reduzieren, werden häufig Ablenkbleche vor den Rädern platziert. Diese aerodynamisch wirksamen Anbauteile werden als Radspoiler bezeichnet. Die Funktionsweise der Radspoiler beruht darauf, dass der Totaldruck im Radhaus durch diese verringert wird, da die Radspoiler die in das Radhaus einströmende Luft reduzieren. Dadurch, dass weniger Luft in das Radhaus eintritt, wird folglich das Verlustgebiet im oberen hinteren Radbereich reduziert. Während die Reduktion der Schräganströmung zu einem kleineren Radlatsch-Wirbel führt, entsteht ein vom Radspoiler ausgehender Wirbelzopf. Die ersten beiden Effekte reduzieren den Widerstand und überwiegen den letztgenannten Effekt, der zu einem Widerstandsanstieg führt. [15, 16]

2.1.3 Ablösungen

In der Nähe von Oberflächen, beispielsweise der Windkanalwand oder der umströmten Fahrzeugkarosserie, bildet sich eine Grenzschicht aus. Die Strömung hat an der Wand keine Geschwindigkeit und überträgt die Schubspannung τ_W. Als Grenzschicht wird der Bereich bezeichnet, in welchem die Geschwindigkeit von der Geschwindigkeit der Außenströmung bis hin zum Stillstand abnimmt. [17]

Damit es in einer stationären Strömung zu einer druckinduzierten Strömungsablösung kommt, müssen zwei Voraussetzungen erfüllt sein: Zum einen muss ein in Strömungsrichtung positiver Druckgradient und zum anderen müssen im Fluid viskose Effekte vorhanden sein. Zudem hängt die Strömungsablösung von der Reynoldszahl, dem Turbulenzgrad der Anströmung und der Oberflächenrauigkeit ab. Obwohl die oben genannten Voraussetzungen bei einem scharfkantigen Körper nicht erfüllt sind, kommt es auch an diesem zur Strömungsablösung. Diese Art der Ablösung, die an der sogenannten Abrisskante entsteht, wird oft als Abriss bezeichnet. Sie tritt immer dann auf, wenn die Strömung der Kontur nicht mehr folgen kann, beispielsweise in Diffusoren mit zu großen Öffnungswinkeln, bei der Umströmung von stark angestellten oder gewölbten Profilen sowie in Rohren mit Krümmungen oder plötzlichen Erweiterungen. Die scharfe Körperkante entspricht sozusagen einem unendlich steilen Druckgradienten, was zu einem sofortigen Strömungsabriss führt. Die folgenden Ausführungen beziehen sich auf diese zweite Form der Strömungsablösung, die auch als geometrieinduzierte Strömungsablösung bezeichnet wird. [18]

In Abhängigkeit ihrer Grenzschichtablösungscharakteristik wird zwischen den folgenden Reynoldszahlbereichen unterschieden [18, 19]:

- Unterkritischer Bereich: vollständig laminare Ablösung in der Grenzschicht
- Überkritischer Bereich: Umschlag an der Oberfläche des Körpers, teilweise turbulente Grenzschichtablösung
- Transkritischer (auch postkritischer) Bereich: Umschlag weit vorne am Körper, vollständig turbulente Grenzschichtablösung

Bei der Umströmung eines Kreiszylinders lösen sich im unterkritischen Bereich ab $Re = 50$ periodische Wirbel mit einer dimensionslosen Frequenz von $Str = 0,2$ ab. Während die Wirbelablösung im überkritischen Bereich stark abnimmt, kann im transkritischen Bereich, das heißt bei $Re > 7 \cdot 10^5$, eine dominante Wirbelablösung festgestellt werden. Die dimensionslose Frequenz nimmt einen Wert von $Str = 0,28$ an. [18]

Ablösegebiete werden auch als Totwasser bezeichnet. Bei ihnen handelt es sich um Bereiche erhöhter Energiedissipation, in welchen turbulente Strömungsstrukturen auftreten. Zudem ist die Strömung innerhalb des Totwassers instationär, häufig periodisch und möglicherweise instabil. An der Ablösestelle verschwindet der Geschwindigkeitsgradient senkrecht zur Wand und die Wandschubspannung nimmt den Wert Null an. Die Übergangsschicht zwischen Bereichen mit stark unterschiedlichen Strömungsgeschwindigkeiten wird als Scherschicht bezeichnet. Eine freie Scherschicht bildet sich nach einer Strömungsablösung im Strömungsfeld aus. Aufgrund des Geschwindigkeitsunterschieds wird das Fluid in der Scherschicht in Rotation versetzt. Freie Scherschichten sind aufgrund des Wendepunkts im Geschwindigkeitsprofil instabil. Daher führen natürliche oder akustische Anregungen dazu, dass sich der Freistrahlrand zu Wirbeln aufrollt und Störungen in Strömungsrichtung angefacht werden. Die Stabilitätsbetrachtung unterscheidet zwischen konvektiver und absoluter Instabilität, wobei es sich bei Gebieten abgelöster Strömung nach [11] um Bereiche absoluter Instabilität handelt. Diese zeichnen sich dadurch aus, dass sich die Instabilitäten mit der Zeit im gesamten Raum ausbreiten, ohne dass eine permanente Erregerquelle vorhanden sein muss. [17, 18, 20]

Nach [11] werden zweidimensionale Ablösegebiete in drei Klassen unterteilt:

- Klasse a: einseitige Scherschichtentwicklung mit einer wiederanlegenden Scherschicht, nicht periodisch
- Klasse b: zweiseitige Scherschichtentwicklungen mit Wechselwirkungen, periodisch
- Klasse c: axialsymmetrische Scherschichtentwicklung mit Wechselwirkungen

Bei einem Ablösegebiet der Klasse a löst die Strömung von der Kontur ab und es bildet sich ein geschlossenes Totwassergebiet, in welchem die Strömung zirkuliert. Stromab legt sich die Strömung wieder an. Bei Ablösungen der Klasse b bilden sich zwei gegenläufig rotierende Wirbel, die möglicherweise wie in einer Kármánschen Wirbelstraße periodisch alternierend sind. Die Wechselwirkungen führen zu einer, im Vergleich zu Klasse a, deutlich ausgeprägteren Ablösefrequenz. Der Einfluss der Wechselwirkungen lässt sich demonstrieren, indem eine Trennplatte in den Nachlauf der Strömung eingebracht wird, wodurch das Totwasser nicht mehr periodisch ist. Bei Ablösungen der Klasse c bilden sich Ring- oder Spiralwirbel aus. [10]

Beispiele für die unterschiedlichen Klassen der Scherschichtentwicklung sind die in Abbildung 2.2 dargestellten Strömungsbilder hinter einer Stufe (Klasse a), hinter einer rechteckigen Platte (Klasse b) und hinter einer kreisförmigen Scheibe (Klasse c).

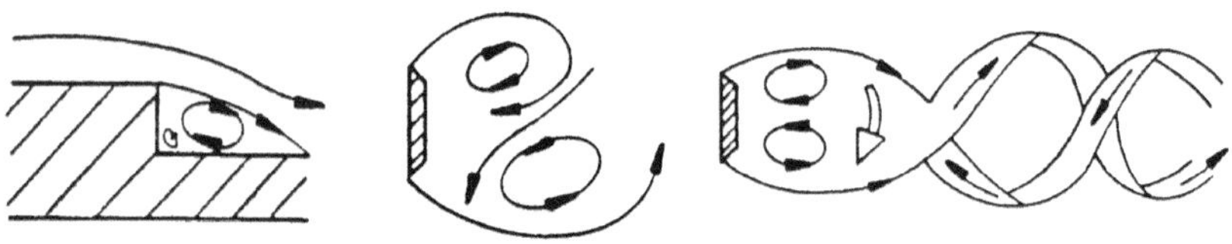

a) b) c)

Abbildung 2.2: Nachlaufströmung hinter einer Stufe a), hinter einer rechteckigen Platte b) und hinter einer kreisförmigen Scheibe c), aus [11]

Das Druck- und Geschwindigkeitsfeld im Nachlauf einer senkrecht angestellten ebenen Platte wird in [11] experimentell untersucht. Die Frequenzanalyse zeigt einen dominanten Peak bei einer bestimmten Frequenz, der durch die periodischen Bewegungen kohärenter Wirbelstrukturen erzeugt wird. Diese entstehen aufgrund der zweiseitigen Scherschichtentwicklung und nehmen die Form einer Kármánschen Wirbelstraße an.

Kohärente Strukturen besitzen keine allgemeingültige Definition, können aber durch ihre Merkmale beschrieben werden. Sie haben neben einer relativ langen Lebensdauer und einem regelmäßigen sowie reproduzierbaren Auftreten auch eine räumliche Ausdehnung in der Größenordnung der geometrischen Abmessungen, sind quasi-zweidimensional und sind zudem meist mit der Wirbelstärke verknüpft. Sie sind beispielsweise hauptverantwortlich für den Lärm in Triebwerken. [21]

2.1.4 Interferenzen

Der Abstand zwischen Radspoilern und Rädern sowie zwischen den Rädern am Fahrzeugunterboden ist relativ gering, sodass gegenseitige Interferenzeffekte nicht vernachlässigt werden dürfen. Zunächst werden zwei Kreiszylinder in Tandemanordnung untersucht, da diese die Grundlage für die Betrachtung zweier hintereinanderliegender Autoreifen bei überkritischer Anströmung darstellen.

In Abhängigkeit des dimensionslosen Abstands $\frac{a_x}{d}$ der beiden Zylinder, mit dem Abstand a_x und dem Durchmesser d, werden die auftretenden Interferenzen nach [22] in unterschiedliche Kategorien eingeteilt. Die verschiedenen Strömungszustände sind in Abbildung 2.3 dargestellt.

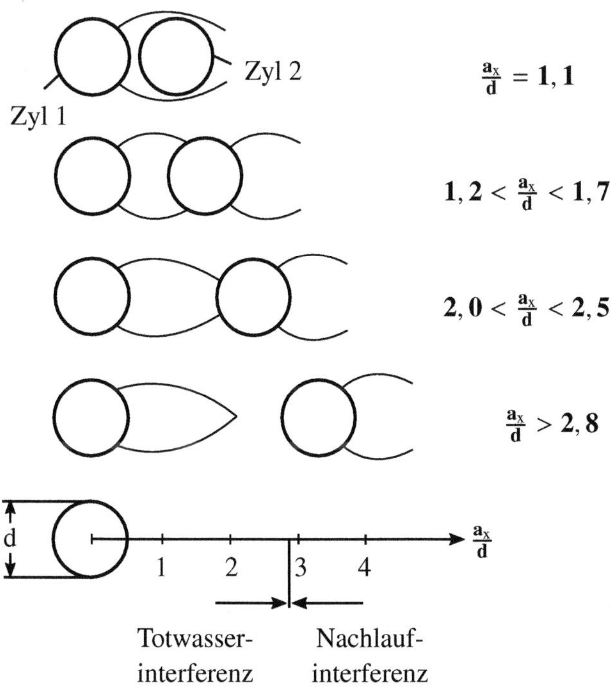

Abbildung 2.3: Klassifizierung der Strömungszustände zweier Zylinder in Tandemanordnung, nach [23]

Bei sehr kleinen Abständen $\frac{a_x}{d} = 1,1$ verhalten sich die beiden Zylinder wie ein länglicher Zylinder. Für Abstände im Bereich $1,2 < \frac{a_x}{d} < 1,7$ befindet sich der hintere Zylinder im Totwasser des vorderen Zylinders und die vorliegende Interferenz wird als Totwasserinterferenz bezeichnet. Die Scherschicht vom vorderen Zylinder trifft auf den hinteren Zylinder, was zu zwei kleinen Druckspitzen am Umfangswinkel $\varphi = \pm 45°$ führt. Eine Erhöhung des Abstands auf $2,0 < \frac{a_x}{d} < 2,5$ führt dazu, dass sich der hintere Zylinder am Ende des Totwassers des vorderen Zylinders befindet und für Abstände $\frac{a_x}{d} > 2,8$ geht die Totwasser- in eine Nachlaufinterferenz über. In letzterem Fall wird der hintere Zylinder nur noch vom Nachlauf, nicht aber von der Scherschicht des vorderen Zylinders beeinflusst, was zu einer langsameren und stark turbulenten Anströmung führt. Der Druckverlauf am hinteren Zylinder wäre nach der Normierung mit der tatsächlichen Druckhöhe des vorderen Zylinders sehr ähnlich dem Verlauf in einer hochturbulenten Strömung. Zudem ist der Widerstand für den hinteren Zylinder größer als für den vorderen Zylinder.

Mit zunehmendem Zylinderabstand nimmt die Wirkung des vorderen Zylindernachlaufs monoton ab. Die Rückwirkung des hinteren auf den vorderen Zylinder ist gering, allerdings reduziert sich die Strouhalzahl aufgrund eines Feedback-Mechanismus. Zudem ist die Strömung im Falle der Nachlaufinterferenz auf beiden Zylinderseiten recht symmetrisch. Die Wirbel vom stromaufwärts liegenden Zylinder triggern Ablösungen am stromabwärts gelegenen Zylinder mit derselben Strouhalzahl. Daher wird dieses Gebiet auch als Co-Shedding-Regime bezeichnet [24, 25, 26]

In [27] wurden zwei vollturbulent umströmte Zylinder in Tandemanordnung untersucht, mit einem Abstandsverhältnis von $\frac{a_x}{d} = 3,7$. Während das Strömungsfeld des vorderen Zylinders ungefähr dem eines isolierten Zylinders entspricht, befindet sich der hintere Zylinder im Bereich der Nachlaufinterferenz. An beiden Zylindern kommt es zu Wirbelablösungen. Der Schalldruckpegel dieser Konfiguration ist in Abbildung 2.4 dargestellt. Sowohl in Simulation als auch Experiment wurde demonstriert, dass die Pegel der instationären Druckschwankungen am hinteren Zylinder etwa 10 – 15 dB höher sind als am vorderen Zylinder. Ursächlich für die hohen Pegel ist die Nachlaufinterferenz, die bei Umfangswinkeln $\varphi = \pm 45°$ zu sehr hohen Pegeln führt. Die primäre Schallabstrahlungsrichtung ist leicht stromabwärts gerichtet. Hohe Schalldruckpegel treten hinter dem vorderen Zylinder in Bereichen auf, an welchen sich die Scherschichten zu Wirbeln aufrollen, während die maximalen Pegel am hinteren Zylinder bei $\varphi = \pm 45°$ auftreten.

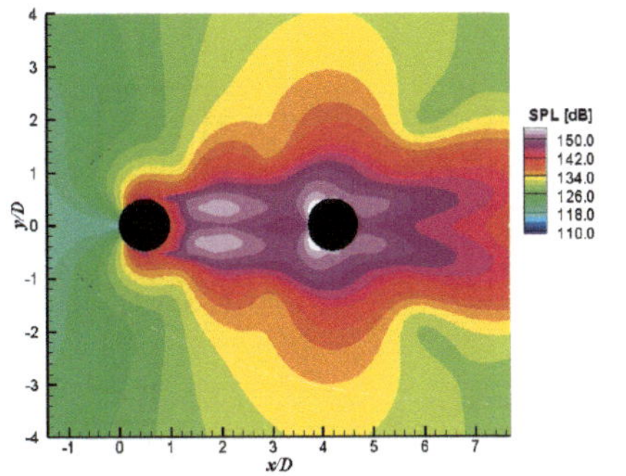

Abbildung 2.4: Schalldruckpegel der Umströmung zweier Zylinder in Tandemanordnung, aus [27]

Alam untersucht in [28] den Nachlauf und die Interferenzen von zwei nebeneinanderstehenden Quadern. In Abhängigkeit vom Abstandsverhältnis identifiziert er vier verschiedene Strömungsregime. Diese können in Abhängigkeit der Quaderbreite b und ihrem Abstand a_y angegeben werden und sind schematisch in Abbildung 2.5 dargestellt. Bei $\frac{a_y+b}{b} < 1,3$ verhalten sich die beiden Quader wie ein Körper und hinter ihnen entsteht eine Kármánsche Wirbelstraße, vgl. Abbildung 2.5 a). Im Bereich $1,3 < \frac{a_y+b}{b} < 2,2$ liegt eine starke Wechselwirkung zwischen den Quadern vor. In der Spaltströmung entstehen eine schmale und eine breite Kármánsche Wirbelstraße mit zwei unterschiedlichen Strouhalzahlen (vgl. Abbildung 2.5 b)). Der Bereich $2,2 < \frac{a_y+b}{b} < 3,0$ wird als Transitionsbereich bezeichnet. Dort kollabieren die beiden Wirbelstraßen, vgl. Abbildung 2.5 b), zeitweise zu zwei gekoppelten Wirbelstraßen mit der Strouhalzahl $Str = 0,128$, vgl. Abbildung 2.5 c). Es liegen somit drei dominante Moden und Frequenzen vor. Ab $\frac{a_y+b}{b} \geqq 3$ entstehen hinter beiden Quadern zwei gekoppelte Wirbelstraßen mit identischer Frequenz. Für $3,0 < \frac{a_y+b}{b} < 4,6$ haben diese eine Phasenverschiebung von $\Delta\varphi = 180°$ und werden als antiphasig bezeichnet, vgl. Abbildung 2.5 c). Im Bereich $4,6 < \frac{a_y+b}{b} < 60$ werden in- und antiphasige Wirbelablösungen beobachtet, vgl. Abbildungen 2.5 c) und d).

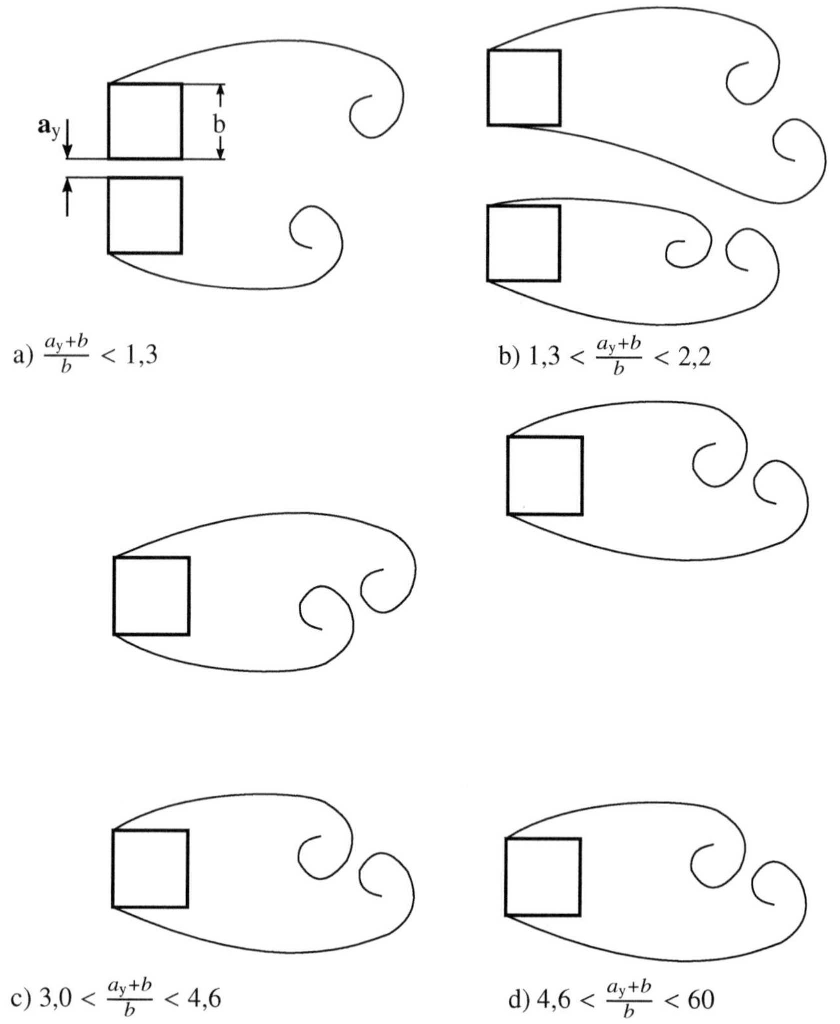

Abbildung 2.5: Strömungsbild hinter zwei Quadern in Abhängigkeit vom Abstand der Quader. Mit zunehmendem Abstand verändern sich die Strömungsstrukturen stromab der Quader: Ein-Körper-Regime a), breite und schmale Karmánsché Wirbelstraße b), zwei antiphasig gekoppelte Karmánsché Wirbelstraßen c) und zwei in Phase gekoppelte Karmánsché Wirbelstraßen d)

2.1.5 Turbulenz

Turbulente Strömungen sind stark wirbelbehaftet, diffusiv, zufällig, weit entfernt vom Gleichgewicht und immer dissipativ. Die turbulenten Fluktuationen sind stark dreidimensional und instationär. [18, 29]

In einer Strömung werden Störungen durch Diffusion gedämpft. Diese Dämpfung nimmt jedoch mit zunehmender Reynoldszahl ab, was dazu führt, dass jede Störung im Strömungsfeld ungehindert anwachsen kann und zu einer chaotischen, instationären, nichtlinearen und instabilen Strömung führt. Die kritische Reynoldszahl, bei der die laminare Strömung instabil wird, kann mithilfe der linearen Stabilitätstheorie ermittelt werden.

Turbulenz ist immer mit der Entstehung von Wirbeln verbunden. Entsprechend der Turbulenztheorie von Kolmogorow entstehen in einer turbulenten Strömung Wirbel mit einer charakteristischen Länge l. Bei der Wirbelbildung wird der mittleren Strömung Energie entzogen. Nach ihrer Entstehung durchlaufen alle Wirbel entsprechend der turbulenten Energiekaskade mehrere Phasen. Zunächst übertragen sie ihre Energie auf immer kleiner und schneller fluktuierende Strukturen. Dieser Energieumverteilung von großen auf kleine Skalen ist verlustfrei. Das bedeutet, dass ein großer Wirbel beispielsweise in zwei kleinere Wirbel zerfällt, wobei jeder dieser Wirbel die halbe Energie des ursprünglichen Wirbels besitzt. Auf den kleinsten Skalen - den sogenannten Kolmogorov-Skalen - erfolgt schließlich die Energiedissipation.

2.2 Akustische Grundlagen

Da die Akustik ebenfalls ein strömungsmechanisches Phänomen darstellt, ist sie lokal nicht von anderen strömungsmechanischen Phänomenen zu unterscheiden. Die durch den Schall induzierten Drücke und Geschwindigkeiten sind jedoch häufig um mehrere Größenordnungen kleiner und schneller als die entsprechenden strömungsmechanischen Größen. Im Folgenden wird näher auf aeroakustische Geräuschquellen sowie auf das Phänomen Wummern eingegangen.

2.2.1 Aeroakustische Geräuschquellen

Entsprechend der Analogie von Lighthill können aerodynamische Geräusche auf drei Grundtypen zurückgeführt werden. Ein zeitlich veränderlicher Volumenfluss ist eine Monopolquelle und stellt eine Störung der Kontinuitätsgleichung dar. Bei den fluktuierenden Druckbeaufschlagungen handelt es sich um eine Störung der Impulsgleichung. Sie wirkt als Dipolquelle und liegt beispielsweise vor, wenn eine freie oder abgelöste Strömung auf eine Oberfläche trifft. Bei einem umströmten Körper ist die schlagartige Kraftänderung der sich zeitlich ändernden Strömung die Ursache der Druckfluktuationen [10, 30]. Wird Schall durch Turbulenzen erzeugt, handelt es sich um eine Quadrupolquelle. Schall wird im aerodynamischen Nahfeld erzeugt. Dort sind die einzelnen Quellterme der Elementarstrahler ungleich Null. Anschließend wird er nach der Wellengleichung ins Fernfeld transportiert.

Die Schallleistungen der Elementarstrahler skalieren mit unterschiedlichen Potenzen der Geschwindigkeit, wobei diese beim Monopol am niedrigsten und beim Quadrupol am höchsten sind. Bei einer Autofahrt handelt es sich um eine verhältnismäßig niedrige Geschwindigkeit. Dort ist die Monopolquelle am effektivsten, während die Quadrupolquelle meist vernachlässigt werden kann. Die starke Geschwindigkeitsabhängigkeit des Schallpegels wird beispielsweise bei einer Dipolquelle deutlich. Durch Erhöhung der lokalen Geschwindigkeit um den Faktor $1,5$ erhöht sich der Pegel um über 10 dB. Daher ist es bei der Durchführung von akustischen Experimenten wichtig, dass die jeweiligen Anströmgeschwindigkeiten und -richtungen genau eingehalten werden. [10]

Im Folgenden wird näher auf die aerodynamischen Geräuschquellen am Fahrzeug eingegangen. Für das aerodynamische Außengeräusch stellen die vorderen Radhäuser nahezu über den gesamten Frequenzbereich die primäre Schallquelle dar, während der Einfluss des hinteren Radhauses deutlich geringer ausgeprägt ist. Die Geräuschquellen sind stark von der Felgengeometrie sowie der Rotation der Räder abhängig, wobei Letztere zu einer signifikanten Zunahme der aeroakustischen Geräusche führt. Aufgrund der ausgeprägten Dämmung ist jedoch die Wirkung beider Radhäuser auf das Innengeräusch des Fahrzeugs gering. [10, 31]

Für die aeroakustische Qualität eines Fahrzeugs spielen nicht nur die Dichtungen, sondern auch die Geräuschdämmung von der Quelle zum Fahrzeuginnenraum sowie die Reduktion von aeroakustischen Geräuschquellen, durch entsprechende Formgebung des Fahrzeugs, eine Rolle. [32]

In Bereichen abgelöster und wirbelbehafteter Strömung treten die stärksten Druckfluktuationen auf. Diese sind schließlich für den Innenlärm im Fahrzeug verantwortlich. Die Wechselwirkung der abgelösten Strömung mit der Fahrzeugoberfläche erzeugt dipolartige Geräuschquellen. Die aeroakustischen Hauptschallquellen an Fahrzeugen stellen neben den Radhäusern die A-Säule, die Außenspiegel, der Windschutzscheibenwischer, der Unterboden sowie Leckagen, Antennen und Hohlraumresonanzen von beispielsweise Schiebedächern, Seitenscheiben und Türspalten dar. Der Bereich des Greenhouses ist hierbei ein entscheidender Übertragungspfad in die Kabine, da in diesen Bereichen - im Vergleich zur Karosserie - eine deutlich geringere Dämmung vorhanden ist. [3, 32]

Im niedrigen Frequenzbereich unter 1 kHz stellt die Umströmung des Unterbodens die Hauptschallquelle dar [3]. Bei der Anregung des Fahrzeuginnenraums über den Unterboden durch Windgeräusche muss zwischen zwei verschiedenen Anregungsmechanismen unterschieden werden. Zum einen wird die Unterbodenplatte direkt über den Schalldruck in Schwingung versetzt (Schall-Festkörper-Kopplung), wobei dieser sogenannte akustische Druck mit der Schallgeschwindigkeit homogen in alle Richtungen abstrahlt. Zum anderen versetzen die turbulenten Druckschwankungen den Unterboden direkt in Schwingungen (Fluid-Festkörper-Kopplung). Dieser direkt durch das Strömungsfeld erzeugte Druck bewegt sich mit der lokalen Strömungsgeschwindigkeit und ist meist um 2 – 3 Größenordnungen größer als der akustische. Der Lärm im Innenraum entsteht schließlich durch die Überlagerung der akustischen und turbulenten Anteile, wobei letzterer vor allem den Frequenzbereich unter 200 Hz dominiert. Ursächlich dafür sind vor allem Ablösungen an den komplexen Unterbodenanbaukomponenten, wie beispielsweise den Radhäusern und Rädern. Diese führen zu starken Druckfluktuationen, welche sich mit der Strömung fortbewegen und auf den Unterboden auftreffen, wobei Dipolquellen entstehen. Im Frequenzbereich über 200 Hz spielt der akustische Druck vor allem bei der Übertragung des Schalls über die Scheiben eine signifikante Rolle. Die

Ursache dafür liegt darin, dass die Scheiben einen starken Filter für die hydrodynamischen Fluktuationen darstellen, die im Vergleich zu den akustischen Wellen kürzere Wellenlängen aufweisen. Diese hydrodynamischen Fluktuationen koppeln weniger effektiv mit den strukturellen Schwingungseigenschaften des Glases als der akustische Druck. [4, 32, 33]

2.2.2 Wummern

Als Wummern werden niederfrequente Druck- und Geschwindigkeitsfluktuationen bezeichnet. Diese liegen typischerweise im Frequenzbereich zwischen 15 und 40 Hz, und damit unterhalb des Bereichs der menschlichen Hörgrenze, vor. Aus diesem Grund handelt es sich weniger um einen Lautstärkeeindruck, sondern um ein unangenehmes Druckgefühl auf den Ohren.

Das bekannteste Beispiel für Wummern im Automobil ist das Seitenscheiben- beziehungsweise Schiebedachwummern, das bei der Überströmung von geöffneten Seitenscheiben oder Schiebedächern bei bestimmten Fahrgeschwindigkeiten auftritt, wenn die Ablösefrequenz der Wirbel von der Schiebedachkante mit der Resonanzfrequenz des Fahrgastraums übereinstimmt.

Zudem können beispielsweise bei hohen Geschwindigkeiten die Unwucht der Reifen oder turbulente Ablösungen der Außenströmung im Fahrzeugunterboden oder Heckbereich Ursachen für Wummergeräusche im Fahrzeuginnenraum sein. [34]

Ein weiteres Wummerphänomen, das im Zusammenhang mit der Fahrzeugentwicklung von Bedeutung ist, ist das sogenannte Windkanalwummern, welches sich negativ auf Aerodynamik- und Akustikmessungen auswirken kann. Die Hauptquelle stellt dabei die Scherschicht zwischen Plenum und Freistrahl dar. Die an der Düse entstehenden und zunächst kleinskaligen Wirbel bewegen sich stromab. Sie ziehen aus der Kernströmung des Freistrahls Energie und wachsen dabei an. Starke Druckschwankungen entstehen dabei genau dann, wenn die Ablösefrequenz der Wirbel, die an der Düse entstehen, der Resonanzfrequenz des Windkanals entsprechen. [3, 35]

Zu einem Hochgeschwindigkeitswummern kommt es, wenn Strömungsablösungen am Unterboden und an der Karosserie die Eigenmoden des Innenraums anregen. Typischerweise entstehen die Wirbel dabei an den vorderen Radhäusern, Spoilern und Unterbodenabdeckungen. [34]

Das im Rahmen dieser Arbeit untersuchte tieffrequente Phänomen Aero-Wummern wird von Weber in [7] analysiert. Hierbei demonstriert er die Übertragung niederfrequenter Druckpulsationen vom Unterbodenbereich in den Fahrzeuginnenraum mittels CFD-Simulation. Die Übertragung erfolgt über die Zwangsentlüftung im Heckbereich des Fahrzeugs. Dabei wirkt der Fahrzeuginnenraum als Resonanzvolumen, während der Bereich der Zwangsentlüftung den Hals des Helmholtz-Resonators darstellt.

Bisherige Untersuchungen haben gezeigt, dass das Aero-Wummern sehr empfindlich auf geometrische Veränderungen am Fahrzeugunterboden reagiert. Bereits kleine geometrische Veränderungen an Anbauteilen am Unterboden beeinflussen sowohl die Aerodynamik als auch die Aeroakustik maßgeblich. [5, 6] Staudenmayer untersucht in [5] die tieffrequenten Druckschwankungen mittels CFD-Simulation an einem Fahrzeugprototypen. Als Ursache für die Druckschwankungen identifiziert er hochenergetische Ablösungen an den Vorderrädern und an den Vorderradspoilern und vermutet einen Feedback-Mechanismus als Ursache für die tieffrequenten Druckfluktuationen im Heckbereich des Fahrzeugunterbodens. Trotz dieser Untersuchungen ist der genaue Ursprung der tieffrequenten Druckfluktuationen bislang unbekannt. Darüber hinaus bleibt unklar, warum die Amplitude der Druckfluktuationen vom Front- zum Heckbereich des Fahrzeugunterbodens signifikant ansteigt. Ziel dieser Arbeit ist es, diese offenen Fragestellungen systematisch zu untersuchen und zu beantworten sowie darauf aufbauend kostengünstige und robuste Maßnahmen für zukünftige Fahrzeugentwicklungen abzuleiten.

2.3 Particle Image Velocimetry

Die PIV ist ein Verfahren der optischen Strömungsmesstechnik, die eine nichtintrusive Geschwindigkeitsmessung eines Strömungsfelds ermöglicht. Während mit einigen Messverfahren die Strömungsgeschwindigkeit lediglich an einem einzigen Punkt bestimmt werden kann, bietet PIV die Möglichkeit, die Strömungsgeschwindigkeit in einer ganzen Ebene zu bestimmen. Der typische Aufbau eines PIV-Systems ist in Abbildung 2.6 dargestellt. Es werden Laser verwendet, deren Lichtstrahl mittels einer Optik in einer Ebene zu einem Lichtschnitt aufgeweitet wird [36]. Das Laserlicht wird von Streuteilchen, welche der Strömung zugesetzt werden, gestreut. Dieses gestreute Licht wird wiederum von einer Kamera aufgenommen. Der Laser wird dabei pulsierend betrieben, sodass die Position der Teilchen während der Beleuchtungsdauer eingefroren ist. Mit der Kamera werden innerhalb eines bestimmten kurzen zeitlichen Abstands zwei Bilder gemacht. Anhand der Partikelverschiebung der Teilchen $\mathbf{\Delta s}$ und dem zeitlichen Abstand Δt zwischen den beiden Bildern, kann anschließend über

$$\mathbf{u} = \frac{\Delta s}{\Delta t} \qquad \text{Gl. 2.3}$$

der lokale Geschwindigkeitsvektor $\mathbf{u}$ ermittelt werden. Die Anzahl der Streuteilchen entspricht dabei einer mittleren Teilchendichte, sodass es nicht möglich ist, einzelne Partikel zu verfolgen. Stattdessen wird die Partikelverschiebung mithilfe der Kreuzkorrelation identifiziert.

Wird mit einer Kamera gemessen, ist die Bestimmung eines zweidimensionalen Geschwindigkeitsfelds möglich. Im Gegensatz dazu kann durch die Verwendung einer zweiten Kamera das dreidimensionale Geschwindigkeitsfeld ermittelt werden. Eine Erweiterung des klassischen PIVs stellt das zeitaufgelöste (TR)-PIV-System dar. Eine Hochgeschwindigkeitskamera und ein Laser mit hoher Wiederholrate werden verwendet, um transiente Phänomene zu erfassen. Dadurch können Bildraten bis 100 kHz realisiert werden. Mit dieser Methode lässt sich zum Beispiel die Entwicklung oder der Zerfall von Wirbeln analysieren. [38]

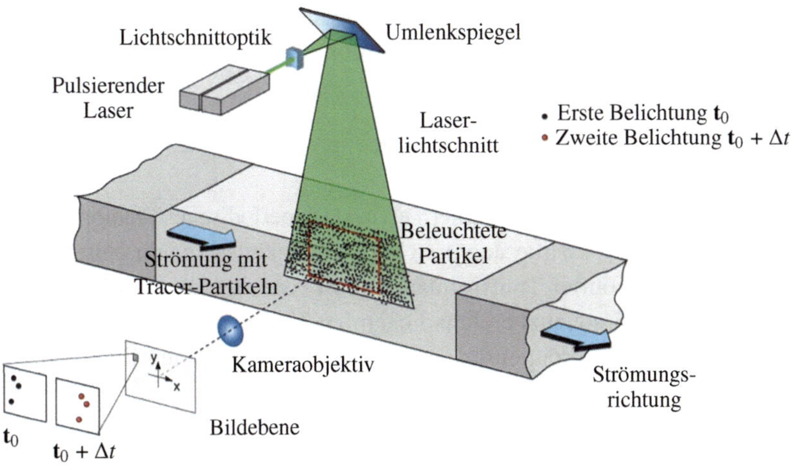

Abbildung 2.6: Darstellung des PIV-Messverfahrens, nach [37]

2.4 Auswertemethoden transienter Strömungsdaten

Transiente Strömungsdaten resultieren sowohl aus den CFD-Simulationen als auch aus den PIV-Messungen. Durch die Anwendung geeigneter Auswerteverfahren können die Daten anschließend analysiert werden. Damit soll ein größeres Verständnis für das Strömungsphänomen erreicht werden. Nachfolgend werden die im Rahmen dieser Arbeit eingesetzten Auswertemethoden und deren Grundlagen thematisiert.

2.4.1 Geschwindigkeit und Wirbelstärke

Die transienten CFD-Simulationen liefern die dreidimensionalen Momentangeschwindigkeiten der Strömung im gesamten Volumenfeld. Aus den PIV-Messungen ergeben sich nach dem Post-Processing die zweidimensionalen Geschwindigkeitsfelder in der Messebene. Die gemittelte Strömungsgeschwindigkeit $\bar{\mathbf{u}}(x, y, z)$ ergibt sich aus der Mittelung dieser lokalen Geschwindigkeiten $\mathbf{u}(t, x, y, z)$ an jedem Punkt über alle Frames. Mit diesen beiden Größen lassen sich schließlich die Geschwindigkeitsfluktuationen zum Zeitpunkt t, im Folgenden als Geschwindigkeitsfluktuationen bezeichnet, $\mathbf{u}'(t, x, y, z)$ über

$$\mathbf{u}'(t, x, y, z) = \mathbf{u}(t, x, y, z) - \bar{\mathbf{u}}(x, y, z) \qquad \text{Gl. 2.4}$$

berechnen. Da das Aero-Wummern eivin stark periodisches Phänomen ist, wird zudem eine Bandpassfilterung der Geschwindigkeitsdaten durchgeführt. Dazu wird eine Fast-Fourier-Transformation (FFT) durchgeführt und die Daten, die außerhalb des Frequenzbereichs liegen, zu Null gesetzt. Anschließend wird eine inverse FFT durchgeführt, um die bandpassgefilterten Fluktuationen zu erhalten.

Die Rotation einer physikalischen Größe beschreibt die Drehung eines Partikels. Sie ergibt sich aus dem Vektorprodukt von Nablaoperator und dem Vektor. Für die Geschwindigkeit $\mathbf{u}$ wird die Rotation als Wirbelstärke ω bezeichnet und lässt sich über den folgenden Zusammenhang berechnen:

$$\omega = \mathrm{rot}(\mathbf{u}) = \nabla \times \mathbf{u}. \qquad \text{Gl. 2.5}$$

Wie Helmholtz im zweiten Helmholtzschen Wirbelsatz zeigt, können Wirbel innerhalb der Fluidströmung weder erzeugt noch zerstört werden. Die Drehung ist an die Fluidpartikel gebunden und wird durch Advektion und Diffusion mittransportiert. Die Wirbelstärke stellt jedoch keine globale Rotation dar. Es handelt sich um eine lokale Größe, während ein Wirbel eine Gruppenrotation beschreibt. Eine laminare Grenzschicht hat beispielsweise eine Wirbelstärke ungleich Null, obwohl es in dieser keine Wirbel gibt. Liu beschreibt daher die Wirbelstärke als Selbstrotation eines infinitesimales Teilchen, aber nicht als einen Wirbel. [39, 40]

2.4.2 Wirbelvisualisierung

Für die Visualisierung von Wirbeln in einer Strömung kommen unterschiedliche Methoden zum Einsatz. Die am häufigsten eingesetzten Methoden stellen die Δ-Methode, das Q-Kriterium, die Methode der Wirbelstärke und das λ_2-Kriterium dar [41]. Die „Ω-Wirbelidentifikationsmethode“ wurde von Liu in [40] entwickelt. Sie bietet den großen Vorteil, dass Wirbel visualisiert werden können ohne, dass ein Schwellwert gewählt werden muss. Das verhindert einen fälschlicherweise suggerierten Wirbelzerfall (englisch: fake vortex breakdown) durch ungeeignet gewählte Grenzwerte. Zudem ist eine Visualisierung der Hauptstrukturen möglich, ohne viele sekundäre Wirbel zu verlieren. [42] Im Rahmen dieser Arbeit wird die Ω-Methode eingesetzt, wobei die λ_2-Methode zur Validierung verwendet wurde. [43]

Die Ω Methode

Grundlage für die Ω-Methode ist die Analyse des Geschwindigkeitgradiententensors $\nabla\mathbf{u}$ des dreidimensionalen Geschwindigkeitsfelds $\mathbf{u}$. Das Vektorfeld $\nabla\mathbf{u}$ kann in den symmetrischen Deformationsgeschwindigkeitstensor (Scherratentensor) $\mathbf{S}$ und den antisymmetrischen Drehgeschwindigkeitstensor $\mathbf{R}$ zerlegt werden. Diese sind wie folgt definiert:

$$\nabla\mathbf{u} = \frac{1}{2}(\nabla\mathbf{u} + \nabla\mathbf{u}^{\mathrm{T}}) + \frac{1}{2}(\nabla\mathbf{u} - \nabla\mathbf{u}^{\mathrm{T}}) = \mathbf{S} + \mathbf{R}. \qquad \text{Gl. 2.6}$$

Der Scherratentensor $\mathbf{S}$ beschreibt die Deformation, die sich aus Dehnung und Scherung ergibt, während der Drehgeschwindigkeitstensor $\mathbf{R}$ die gesamte Rotation beschreibt.

Nach der Ω-Methode wird ein Wirbel als ein Gebiet definiert, in welchem die Rotation größer ist als die Deformation. Die Oberfläche eines Wirbels kann als Isofläche von Ω dargestellt werden. In [40] wird der Wert $\Omega = 0,52$ empfohlen. Mit dieser Definition können sowohl schwache als auch starke Wirbel zeitgleich erfasst werden. Mathematisch ist Ω definiert als

$$\Omega = \frac{\mathrm{Spur}(\mathbf{R}^{\mathrm{T}}\mathbf{R})}{\mathrm{Spur}(\mathbf{S}^{\mathrm{T}}\mathbf{S}) + \mathrm{Spur}(\mathbf{R}^{\mathrm{T}}\mathbf{R}) + \epsilon}. \qquad \text{Gl. 2.7}$$

In Gleichung 2.7 ist ϵ eine kleine positive Zahl, die eine Division durch Null verhindert. Zhang empfiehlt in [44] die Berechnung von ϵ via

$$\epsilon = 0,001(\mathrm{Spur}(\mathbf{R}^\mathrm{T}\mathbf{R}) - \mathrm{Spur}(\mathbf{S}^\mathrm{T}\mathbf{S}))_{\mathrm{max}}. \qquad \text{Gl. 2.8}$$

Da Ω das Verhältnis von Deformation zur gesamten Rotation darstellt, bedeutet $\Omega = 0,52$, dass die Rotation gerade etwas größer ist als die Deformation.

2.4.3 Spectral Proper Orthogonal Decomposition

Mithilfe der SPOD können die frequenzabhängigen kohärenten Strukturen oder Moden aus Strömungsdaten extrahiert werden. Somit ist sie eine Erweiterung der klassischen Fourier-Transformation, da sie es ermöglicht, den dominanten Mechanismus in einem Strömungsfeld zu identifizieren. Ähnlich wie die bekanntere Proper Orthogonal Decomposition (POD)-Analyse, die auch unter dem Namen „Principal Component Analysis“ bekannt ist, ist die SPOD eine Methode der linearen Algebra. Sie wird verwendet, um einen komplexen Datensatz zu vereinfachen. Dabei werden die Daten vom ursprünglichen in ein neues Koordinatensystem transformiert, welches von den sogenannten Hauptkomponenten aufgespannt wird. Bei den Hauptkomponenten handelt es sich um Linearkombinationen der ursprünglichen Eingabemerkmale, die so angeordnet werden, dass die Varianz der Daten - die Gesamtenergie - auf den entsprechenden Hauptkomponenten mit steigender Zahl abnimmt. Werden nur die ersten N Hauptkomponenten als neues Basissystem gewählt, so wird eine entsprechende Reduktion des Datensatzes erzielt. Ein Vorteil dieser Methode ist ihre Robustheit gegenüber Rauschen. Im Bereich der Strömungslehre stellt die POD eine Modalanalyse dar, bei welcher die Strömung in ihre einzelnen Moden zerlegt wird. Die Moden sind so angeordnet, dass ihr Energieinhalt mit steigender Zahl abnimmt. Die Wahl der Anzahl der Hauptkomponenten für das neue Basissystem kann zum Beispiel unter Zuhilfenahme eines Diagramms, welches die akkumulierte Energie der Strömung darstellt, erfolgen. Beinhalten beispielsweise die ersten fünf Moden bereits über 90 % des Energieinhaltes, so kann der Rest als Rauschen betrachtet werden. [45]

Der Unterschied zwischen der POD und der SPOD besteht darin, dass bei der SPOD die Moden räumlich und zeitlich variieren. Folglich geben sie die räumlich-zeitliche Kohärenz der Daten wieder [46]. Die SPOD-Moden und

Modenenergien sind die Eigenvektoren bzw. Eigenwerte der Cross-Spectral-Density (CSD)-Matrix, welche zunächst bestimmt werden muss. Durch eine anschließende Singulärwertzerlegung oder Eigenwertzerlegung können daraus die SPOD-Moden und Modenenergien berechnet werden. Für die Ermittlung der CSD-Matrix gibt es verschiedene Ansätze. Schmidt präsentiert in [46] die Welch-Methode. Hierbei handelt es sich um eine Mittelungstechnik, bei der die CSD-Matrix aus einer Zeitreihe ausgewertet wird.

In [47] vergleicht Schmidt den Welch Ansatz mit der Multitaper und der Welch-Multitaper Methode für die Bestimmung der CSD-Matrix. Bei der Multitapermethode werden anstelle des Hamming-Fensters discrete prolate spheroidal sequences (DPSS) als Fensterfunktionen verwendet. Bei der hybriden Welch-Multitaper-Methode werden beide Verfahren kombiniert, wobei die orthogonalen Fenster auf die sich überlappenden Segmente angewendet werden.

3 Werkzeuge

Im Rahmen der vorliegenden Arbeit werden sowohl Messungen in mehreren Windkanälen als auch CFD-Simulationen realisiert. In diesem Kapitel werden die Versuchsanordnung der Experimente sowie das Simulationsmodell vorgestellt.

3.1 Versuchsanordnung

Die experimentellen Untersuchungen werden in verschiedenen Windkanälen durchgeführt. Neben diesen werden im Folgenden die Messtechnik, das Fahrzeugmodell, die Skalierbarkeit, der Versuchsaufbau, die Versuchsdurchführung, die Versuchsbedingungen und die Auswertemethoden thematisiert.

3.1.1 Windkanäle

Es werden sowohl Messungen im Modellmaßstab als auch Untersuchungen in Originalgröße am generischen Fahrzeugmodell und am Realfahrzeug vorgenommen. Hierfür werden Messungen im Modellwindkanal des Forschungsinstitut für Kraftfahrwesen und Fahrzeugmotoren Stuttgart (FKFS) sowie im aeroakustischen und Modellwindkanal der Porsche AG im Entwicklungszentrum in Weissach umgesetzt.

Der Modellwindkanal des FKFS

Beim Modellwindkanal des FKFS handelt es sich aufgrund des geschlossenen Luftkreislaufs um die sogenannte Göttinger Bauart, bei der Modelle im Maßstab 1 : 4 bzw. 1 : 5 vermessen werden können. Das verbaute Fünfbandsystem führt

L. Breitenbücher, *Analyse, Prognose und Vermeidung von strömungsinduzierten niederfrequenten Pulsationen am Unterboden von Fahrzeugen*, Wissenschaftliche Reihe Fahrzeugtechnik Universität Stuttgart, https://doi.org/10.1007/978-3-658-52996-3_3

zusammen mit der Grenzschichtabsaugung zu einer realitätsnahen Abbildung der Straßenfahrt mit Bodenbewegung und Raddrehung. [48, 49]

Der Aeroakustik-Fahrzeugwindkanal der Porsche AG

Der Aeroakustik-Fahrzeugwindkanal der Porsche AG ist ebenfalls ein Windkanal Göttinger Bauart, dessen schematischer Aufbau in Abbildung 3.1 dargestellt ist. Die Besonderheit ist dessen Laufbandsystem, denn es stehen sowohl ein Einbandsystem als auch ein Fünfbandsystem für die aerodynamischen Messungen zur Verfügung. Das Fünfbandsystem, das üblicherweise für die Entwicklung von Serienfahrzeugen eingesetzt wird, wird auch für die im Rahmen dieser Arbeit durchgeführten Messungen verwendet. Dabei steht jedes Rad auf einem separaten Stahlband, das sich mit der Fahrtgeschwindigkeit bewegt und die Räder antreibt. Zudem wird ein $1,1$ m breites Mittenlaufband unter dem Auto bewegt. Durch das Fünfbandmesssystem wird eine sehr hohe Messgenauigkeit erreicht. [50]

Die Fixierung des Fahrzeugs in der Messstrecke erfolgt über vier Schwellerhalter. Die Integration der Laufbänder in eine Drehscheibe ermöglicht darüber hinaus Messungen mit Schiebewinkeln γ von bis zu 15°. [51]

Entscheidend für qualitativ hochwertige akustischen Messungen ist unter anderem die Erzeugung von gleichförmiger, turbulenz- und geräuscharmer Luft. Dies wird unter anderem durch schalldämpfende Maßnahmen in der Luftführung sowie schallabsorbierende Innenwände in der Messstrecke erzielt. Der Gesamtschalldruckpegel bei 140 km/h und leerer Messstrecke beträgt $56,3$ dB(A).

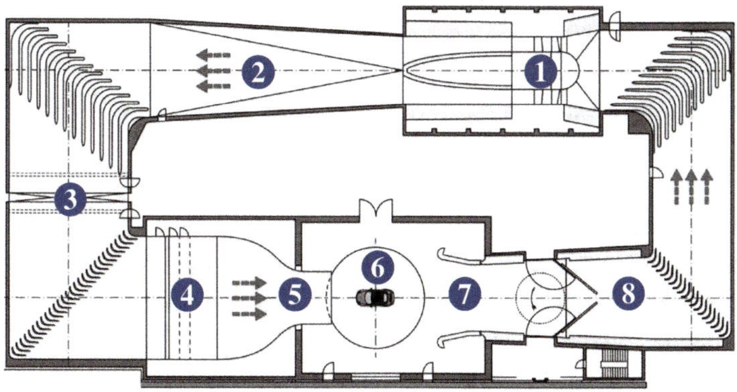

(1) Gebläse (2) Hauptdiffusor (3) Wärmetauscher (4) Vorkammer
(5) Düse (6) Messstrecke (7) Plenum (8) Diffusor

Abbildung 3.1: Prinzipskizze des Aeroakustik-Fahrzeugwindkanals der Porsche AG

Der Modellwindkanal der Porsche AG

Der Modellwindkanal der Porsche AG kommt vor allem in der Konzeptphase der Fahrzeugentwicklung zum Einsatz. In ihm können Modelle im Maßstab 1:3 bzw. 1:4 bei einer maximalen Windgeschwindigkeit von 180 km/h vermessen werden. Es handelt sich ebenfalls um einen Windkanal Göttinger Bauart mit einem Fünfbandsystem zur Simulation der Straßenfahrt.

3.1.2 Messtechnik

Für die Messung des transienten Drucks werden Oberflächenmikrofone verwendet und die Strömungsgeschwindigkeit wird mittels eines PIV-Systems ermittelt. Die im jeweiligen Windkanal eingebaute Windkanalwaage misst die auf das Fahrzeug wirkenden Kräfte und Momente. Im Folgenden wird die verwendete Messtechnik detaillierter vorgestellt.

Oberflächenmikrofone

Für die Akustikmessungen werden Oberflächenmikrofone des Typs 4949 der Firma Brüel & Kjær, wie sie in Abbildung 3.2 a) dargestellt sind, verwendet. Diese piezoelektrischen Mikrofone mit eingebauter Impedanzwandler-Elektronik sind speziell für die Anwendung in der Automobilindustrie entwickelt worden [52]. Der Unterboden des Fahrzeugmodells besitzt zwölf runde Aussparungen für die Oberflächenmikrofone, wodurch neben einer möglichst minimalen Beeinflussung der Strömung auch die Reproduzierbarkeit der Messungen gewährleistet wird. Abbildung 3.2 b) veranschaulicht Position und Nummerierung der Oberflächenmikrofone. Für die Auswertungen der Mikrofonspektren wird im Folgenden meist als Referenzmessstelle das Mikrofon 5, das sich auf Höhe der Hinterradachse befindet, verwendet. Ursache hierfür ist, dass die maximalen Pegel im Heckbereich des Fahrzeugs auftreten. Zudem wird der Fahrzeuginnenraum über den Luftpfad der Zwangsentlüftung, die sich im Heckbereich des Fahrzeugs befindet, angeregt. Die Analyse dieses Mikrofons ist daher von besonderer Bedeutung. Als Frontend werden zwei SQuadriga II der Firma HEAD acoustics GmbH verwendet. Bei einer Abtastfrequenz von $f_s = 48$ kHz beträgt die Messdauer einer Akustikmessung $t = 60$ s.

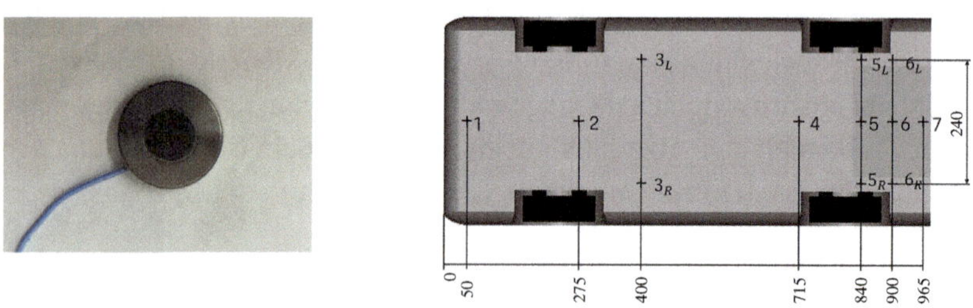

a) b)

Abbildung 3.2: Oberflächenmikrofone a) und deren Position und Nummerierung b)

Zur Erstellung der Frequenzspektren kommt die Software ArtemiS Suite 14.2 der Firma Head acoustics GmbH zum Einsatz. Die damit ermittelten Messdaten werden in ein Automation-Projekt importiert. Um eine Frequenzauflösung von $\Delta f = 1$ Hz zu erzielen, wird ein Resampling-Filter mit $f_\mathrm{r} = 32768$ Hz und eine Spektrumsgröße von $N = 32768$ genutzt. Für die Berechnung des Leistungsdichtespektrums dient ein Hann-Fenster mit 50 % Überlappung.

PIV-System

PIV-Messungen werden durchgeführt, um die Strömungsgeschwindigkeit in einer Ebene unterhalb des Fahrzeugunterbodens zu ermitteln. Um diese Messungen zu ermöglichen, ist ein größerer Umbau des Modellwindkanal des FKFS notwendig. Der Windkanalboden mit dem Fünfbandsystem wird ausgebaut und durch eine Unterbodenplatte mit zwei Glasfenstern ersetzt, wie es in Abbildung 3.3 a) dargestellt ist. Um Lichtreflexionen vom Windkanalboden zu vermeiden, wird die Teststrecke mit einer mattschwarzen Folie abgeklebt. Das Modell wird über ein Schwert am vollautomatischen Modellmanipulator aufgehängt, sodass keine Schwellerstützen die Fahrzeugumströmung beeinflussen.

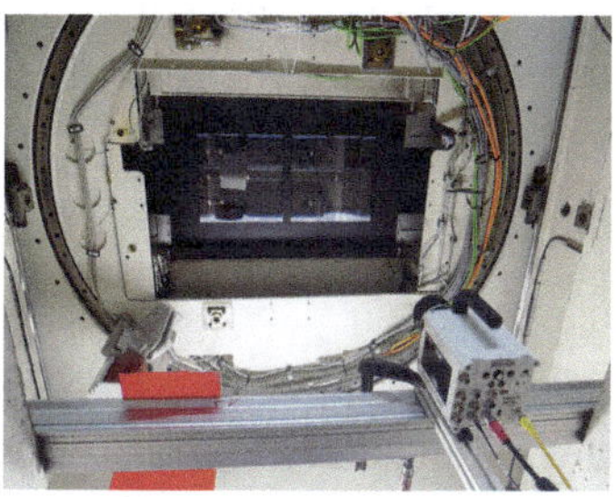

a)

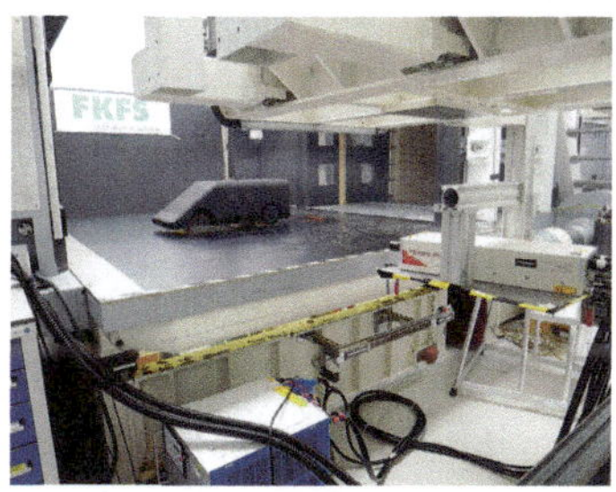

b)

Abbildung 3.3: Aufbau des PIV-Systems: Kamera und Unterbodenplatte mit zwei Glasfenstern a) und Laser und SAE-Körper b)

Die PIV-Messungen werden in Zusammenarbeit mit dem Fachgebiet für Strömungslehre und Aerodynamik der Technischen Universität Darmstadt durchgeführt, das sich auf verschiedene laserbasierte Messungen zur Strömungsanalyse spezialisiert hat. [53, 54, 55]

Ein Hochgeschwindigkeitslaser wird, wie in Abbildung 3.3 b) dargestellt, seitlich neben der Messstrecke platziert und spannt die Messebene in einer Höhe von $z = 25$ mm parallel zum Windkanalboden auf. Als Seeding dient Di-Ethyl-Hexyl-Sebacat $C_{26}H_{50}O_4$.

Eine High Speed Kamera wird unterhalb der Teststrecke angebracht. Da das Sichtfeld (Field of view) 425 mm × 405 mm beträgt, ist es nicht möglich, den gesamten Fahrzeugunterboden in einer Messung zu erfassen. Daher werden Vorder- und Hinterachse separat aufgenommen. Die Räder auf der linken Fahrzeugseite erzeugen einen signifikanten Schatten im relevanten Unterbodenbereich. Daher wird die Messung der Vorder- und Hinterachse jeweils ohne das entsprechende Rad auf der linken Fahrzeugseite durchgeführt. Neben diesen Modifikationen an der Fahrzeugkonfiguration waren einige Anpassungen und Vereinfachungen des Windkanals notwendig. Hierzu gehören beispielsweise das Entfernen des Laufbands und die Messung mit stehenden Rädern. Um zu bestätigen, dass das Aero-Wummern trotz dieser Modifikationen zuverlässig erfasst wird, werden einige Voruntersuchungen durchgeführt. Diese werden in [56] diskutiert. Ein umfangreicher Vergleich zwischen drehenden und stehenden Rädern am SAE-Körper im Originalmaßstab wurde zudem in [6] durchgeführt.

Die Messzeit einer PIV-Messung beträgt $t = 3,145$ s bei einer Abtastrate von $f_s = 1000$ Hz. Daraus ergibt sich eine Frequenzauflösung von $\Delta f = 1$ Hz und $N = 3145$ Frames pro gemessener Konfiguration und Achse.

Kraftmessungen

Bei den durchgeführten PIV-Messungen ist es aufgrund des Ausbaus der Windkanalwaage nicht möglich, die auf das Fahrzeug wirkenden Kräfte und Momente zu ermitteln. Bei allen anderen Windkanalexperimenten werden die Fahrzeuge über die Schwellerhalter fixiert und die aerodynamischen Kräfte und Momente über die jeweils eingebaute Windkanalwaage ermittelt. Die Messergebnisse der Kräfte und deren Beiwerte werden automatisiert in ein Transferprotokoll geschrieben, in dem die Ergebnisse aller Messungen zusammengetragen werden.

Kunstköpfe

Um die Wirksamkeit von Gegenmaßnahmen nicht nur im Diffusorbereich zu bewerten, wird bei den Messungen am Realfahrzeug zusätzlich der Schalldruckpegel im Fahrzeuginnenraum erfasst. Hierfür kommen vier Kunstköpfe des Typs HSU III.2 der Firma HEAD acoustics GmbH zum Einsatz. Analog zu den Messungen am SAE-Körper werden zudem zwei SQuadriga II-Systeme der Firma HEAD acoustics GmbH verwendet. Die Berechnung der Leistungsdichtespektren erfolgt analog zu den Oberflächenmikrofonen.

3.1.3 SAE-Körper

Zur Identifikation des Entstehungsmechanismus des Aero-Wummerns wird ein generisches Fahrzeugreferenzmodell auf Basis des vom SAE-Ausschuss definierten SAE-Körpers verwendet [57]. Das Modell isoliert das Strömungsphänomen, da keine weiteren aeroakustischen Störquellen und daraus resultierende Interferenzeffekte vorliegen. Dadurch werden Untersuchungen unabhängig von spezifischen Fahrzeugkonfigurationen ermöglicht. Zudem bietet es die Möglichkeit einer theoretischen Betrachtung der Umströmung der einzelnen Geometrien. Das Modell besitzt ursprünglich keine Räder oder Radhäuser, welche für das untersuchte Phänomen jedoch wichtig sind. Daher wurde die Geometrie angepasst, indem Aussparungen für die Räder eingefräst und mehrere Radkörper konstruiert wurden. Trotz dieser Modifikation wird das Modell der Einfachheit halber weiterhin als SAE-Körper bezeichnet. Abbildung 3.4 zeigt den SAE-Körper in seiner Grundkonfiguration mit seinen Abmessungen.

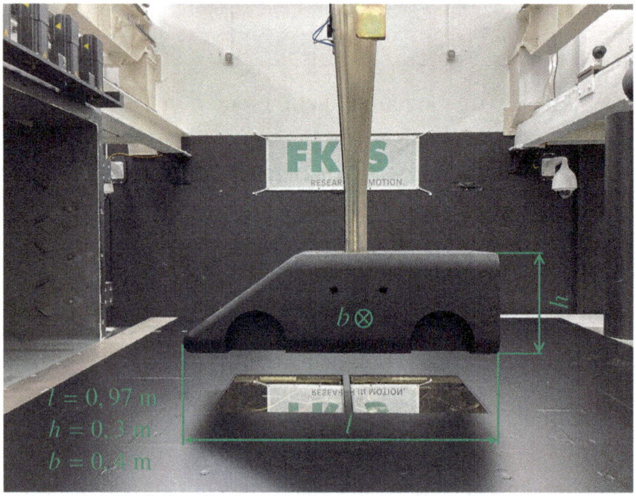

Abbildung 3.4: Grundkonfiguration des in dieser Arbeit verwendeten SAE-Körpers im Modellwindkanal des FKFS

3.1.4 Skalierbarkeit des Strömungsphänomens

Ein grundlegendes Ziel dieser Arbeit besteht darin, den Entstehungsmechanismus des Aero-Wummerns zu identifizieren. Zu diesem Zweck sind PIV-Messungen vorgesehen. Aufgrund der Verfügbarkeit, der Kosten und der Handhabbarkeit sollen die Messungen im Modellwindkanal durchgeführt werden. Daher wird zunächst untersucht, ob das Strömungsphänomen skalierbar ist.

Die Dimensionsanalyse besagt, dass zwei Experimente vergleichbar sind, wenn deren Ähnlichkeitskenngrößen übereinstimmen. Die für das Problem relevanten dimensionslosen Kenngrößen werden mithilfe der Dimensionsanalyse ermittelt. Hierzu müssen zunächst die relevanten Einflussgrößen bestimmt werden. In [58] beschreibt Herwig hierzu einen Fünf-Punkte-Plan. Nach diesem sind für das hier betrachtete Strömungsphänomen folgende physikalische Größen relevant:

- Zielvariable: Frequenz f
- Geometrievariable: charakteristische Länge l

- Prozessvariable: Geschwindigkeit u_∞
- Stoffwerte: Dichte ρ, dynamische Viskosität η

Mithilfe der Dimensionsanalyse ergeben sich daraus die beiden dimensionslosen Kennzahlen Reynoldszahl Re und Strouhalzahl Str. Diese sind über die Gleichungen 2.1 und 2.2 definiert. Die Gleichheit der Reynoldszahl führt dazu, dass die Stromlinien und Druckverteilungen ähnlich sind. Für instationäre Strömungen gilt, dass diese ähnlich sind, wenn die Strouhalzahlen übereinstimmen.

In einem ersten Schritt wird untersucht, ob die Ursache des Aero-Wummerns auf die Umströmung des Fahrzeugs zurückgeführt werden kann und, ob das Phänomen skaliert werden kann. Hierfür werden CFD-Simulationen mit der Software PowerFLOW durchgeführt. Aus der Reynoldsähnlichkeit ergibt sich bei der Betrachtung desselben Strömungsmediums das Geschwindigkeitsverhältnis von Modell- und Originalmaßstab zu

$$\begin{aligned} Re_\mathrm{O} &= Re_\mathrm{M} \\ \frac{u_{\infty,\mathrm{O}} \cdot l_\mathrm{O}}{\nu_\mathrm{O}} &= \frac{u_{\infty,\mathrm{M}} \cdot l_\mathrm{M}}{\nu_\mathrm{M}} \\ \frac{u_{\infty,\mathrm{M}}}{u_{\infty,\mathrm{O}}} &= \frac{l_\mathrm{O}}{l_\mathrm{M}}. \end{aligned} \qquad \text{Gl. 3.1}$$

Wird dieser Zusammenhang bei der Strouhalähnlichkeit berücksichtigt folgt:

$$\begin{aligned} Str_\mathrm{O} &= Str_\mathrm{M} \\ \frac{f_\mathrm{O} \cdot l_\mathrm{O}}{u_{\infty,\mathrm{O}}} &= \frac{f_\mathrm{M} \cdot l_\mathrm{M}}{u_{\infty,\mathrm{M}}} \\ f_\mathrm{M} &= f_\mathrm{O} \cdot \frac{l_\mathrm{O}}{l_\mathrm{M}} \cdot \frac{u_{\infty,\mathrm{M}}}{u_{\infty,\mathrm{O}}} = f_\mathrm{O} \cdot \left(\frac{l_\mathrm{O}}{l_\mathrm{M}}\right)^2 \end{aligned} \qquad \text{Gl. 3.2}$$

Zunächst wird ein Modell im Maßstab 1 : 2 untersucht. Beim SAE-Körper im Originalmaßstab weist das Frequenzspektrum einen Peak bei einer Frequenz von $f_\mathrm{O} = 15$ Hz auf. Für das skalierte Modell ergibt sich aus Gleichung 3.2:

$$f_M = f_O \cdot \left(\frac{l_O}{l_M}\right)^2 = 15\ \text{Hz} \cdot 2^2 = 60\ \text{Hz}. \qquad \text{Gl. 3.3}$$

Daher kann folgende Hypothese aufgestellt werden: Wenn die Reynoldszahl und die Strouhalzahl von Modell und Original gleich sind und die dominante Ablösefrequenz im Originalmaßstab bei $f_O = 15$ Hz liegt, wäre bei einer Skalierung im Maßstab $\frac{l_O}{l_M} = 2$ eine dominante Frequenz im Modellmaßstab von $f_M = 60$ Hz zu erwarten. Ist dies der Fall, so ist die Strömungsführung für die Pulsationen verantwortlich und das Phänomen kann auch im Modellmaßstab untersucht werden. Abbildung 3.5 zeigt die Frequenzspektren der Varianten im Originalmaßstab bei $u_{\infty,O} = 140$ km/h und, unter Einhaltung der Reynoldsähnlichkeit, im Modellmaßstab bei $u_{\infty,M} = 280$ km/h. Im Modellmaßstab liegt ein Pegelmaximum bei 60 Hz vor. Folglich kann die Hypothese bestätigt werden. Diese Voruntersuchung legitimiert die Untersuchung des Strömungsphänomens im Modellmaßstab.

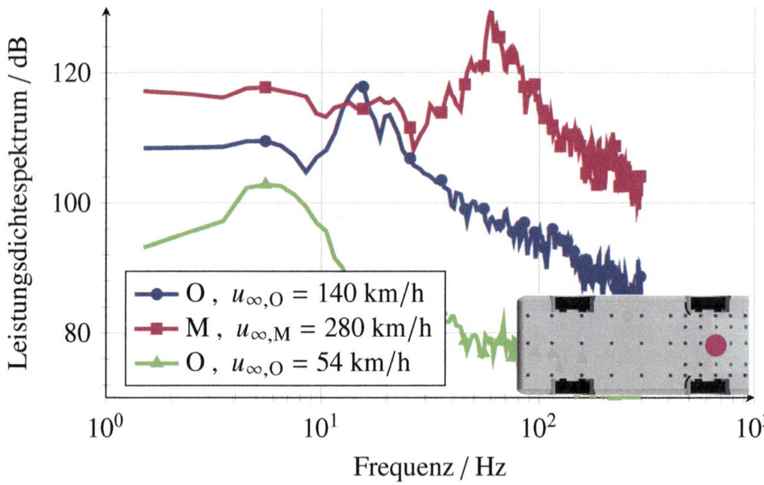

Abbildung 3.5: Vergleich der Frequenzspektren bei Variation des Maßstabs und der Anströmgeschwindigkeit an der Referenzmessstelle mit Position der Referenzmessstelle

Der Modellwindkanal des FKFS bietet die Möglichkeit, Fahrzeuge im Maßstab 1 : 4 zu untersuchen. Im Originalmaßstab wurde das Strömungsphänomen meist bei $u_{\infty,\mathrm{O}} = 140\,\mathrm{km/h}$ untersucht. Bei Einhaltung der Reynoldsähnlichkeit müssten Anströmgeschwindigkeiten realisiert werden, die im vorliegenden Modellwindkanal nicht möglich sind. Daher wird mit weiteren CFD-Simulationen überprüft, ob das Strömungsphänomen auch bei niedrigeren Geschwindigkeiten auftritt. Auch bei $u_{\infty,\mathrm{O}} = 54\,\mathrm{km/h}$ ist im Originalmaßstab ein deutlicher Peak im Frequenzspektrum vorhanden (vgl. Abbildung 3.5), und Dezibelkarten zeigen, dass das Phänomen weiterhin auftritt. Unter Einhaltung der beiden Ähnlichkeitskenngrößen werden daher Messungen im Modellwindkanal im Maßstab 1 : 4 bei $u_{\infty,\mathrm{M}} = 216\,\mathrm{km/h}$ durchgeführt. Die zu erwartende Frequenz des Aero-Wummerns liegt bei ca. $f_{\mathrm{M}} = 85\,\mathrm{Hz}$.

3.1.5 Versuchsaufbau und Durchführung

Um das Strömungsphänomen zu erzeugen, werden Anbauteile am Unterboden des Fahrzeugs montiert. Diese Anbauteile umfassen hauptsächlich Räder und Radspoiler. Bei den Rädern werden zwei Varianten untersucht. Zum einen werden Zylinder verwendet, die zu einer Fahrzeugkonfiguration mit Radhäusern führen. Diese Räder werden im Folgenden als „normale Räder“ bezeichnet. Zum anderen wird eine Geometrie verwendet, mit welcher das Radhaus komplett geschlossen wird. Diese Räder werden im Folgenden als „vereinfachte Räder“ bezeichnet. Die beiden Radkonfigurationen sind in Abbildung 3.6 dargestellt.

Die Grundidee besteht darin, zwei einfache Basisvarianten hinsichtlich ihrer Umströmung zu untersuchen: eine Variante, bei der das Aero-Wummern sehr ausgeprägt vorhanden ist, und eine Variante, bei der das Phänomen nicht vorhanden ist. Diese beiden Konfigurationen werden im Folgenden als Konfiguration mit Radspoiler (mR) und Konfiguration ohne Radspoiler (oR) bezeichnet. Vorherige Untersuchungen zeigen, dass die vorderen Radspoiler das Phänomen signifikant beeinflussen und, dass große Radspoiler zu einem deutlichen Aero-Wummern führen, vgl. [6]. Die Variante mit Aero-Wummern unterscheidet sich somit von der Variante ohne Aero-Wummern nur dahingehend, dass sie große rechteckige und senkrecht angestellte ebene Platten, die die Radspoiler darstellen, vor den Vorderrädern besitzt. Die beiden Konfigurationen sind in Abbildung 3.7 dargestellt.

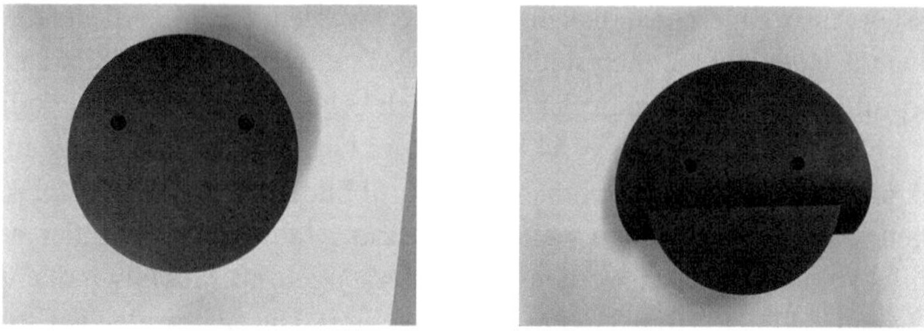

a) b)

Abbildung 3.6: Radgeometrien: normales Rad a) und vereinfachtes Rad b)

a) b)

Abbildung 3.7: Unterboden der Konfiguration mR mit vorderen Radspoilern a) und der Konfiguration oR ohne vordere Radspoiler b)

Um das Strömungsphänomen zu untersuchen, werden an diesem Modell zahlreiche Messungen durchgeführt. Im nächsten Schritt werden unterschiedliche Radspoilergeometrien und weitere Anbauteile konstruiert, um den Einfluss auf das Strömungsphänomen besser zu verstehen und mögliche Gegenmaßnahmen hinsichtlich ihrer Wirksamkeit zu überprüfen.

3.1.6 Versuchsbedingungen

Im Messprotokoll werden neben Kräften und Drücken auch die jeweils herrschenden Temperaturen und Dichten dokumentiert. Die Experimente erfolgen standardmäßig in Originalgröße bei $u_{\infty,\mathrm{O}} = 140\ \mathrm{km/h}$ und im Modellmaßstab bei $u_{\infty,\mathrm{M}} = 216\ \mathrm{km/h}$ und einem Schiebewinkel von $\gamma = 0°$. Aufgrund der maximalen Geschwindigkeit von $u_{\infty,\mathrm{M}} = 180\ \mathrm{km/h}$ im Porsche-Modellwindkanal werden die Messungen dort bei dieser Geschwindigkeit durchgeführt. Die Fahrzeugstandhöhe im Modellmaßstab beträgt $h_\mathrm{M} = 37{,}5\ \mathrm{mm}$. Alle Messungen am SAE-Körper erfolgen mit stehenden Rädern, während am Realfahrzeug mit drehenden Rädern gemessen wird.

3.1.7 Auswertemethoden der PIV-Messungen

Für das Post-Processing der generierten Daten aus den PIV-Messungen wird die Software DaVis 10 der LaVision GmbH verwendet. Zuerst werden 125 Bilder gemittelt, um ein gemitteltes Hintergrundbild zu generieren. Dieses Hintergrundbild wird von allen 3145 Doppelbildern subtrahiert, um Reflexionen von Konturen der Strukturen des Modells zu reduzieren. Zusätzlich wird das Hintergrundrauschen durch Anwenden eines Zeitreihenfilters, der die lokale durchschnittliche Intensität mit einer Filterlänge aller 3145 Bilder (separat für jedes der Doppelbilder) subtrahiert, reduziert. Die PIV-Kreuzkorrelation wird anschließend mit adaptiven Korrelationsfenstern in der Größe von $64\ \mathrm{px} \times 64\ \mathrm{px}$ durchgeführt. Dabei werden zuerst zwei Durchläufe mit 50 % und anschließend vier Durchläufe mit 75 % Überlappung durchgeführt. Um Störvektoren, die durch Kreuzkorrelation erzeugt werden, zu reduzieren, wird ein Medianfilter verwendet. Dieser entfernt alle Vektoren, die um mehr als das Doppelte der Standardabweichung abweichen. Der Medianfilter wird vier Mal hintereinander angewendet. Zusätzlich wird das Vektorfeld durch anisotropes Denoising optimiert. Die Transformation der Pixelverschiebung in reale Koordinaten und in Meter erfolgt mithilfe von MATLAB, wobei die zeitliche Differenz zwischen zwei Abbildungen von $\Delta t = 25\ \mu\mathrm{s}$ berücksichtigt wird.

Geschwindigkeiten und Vorticity

Um auch kleine Änderungen der Strömungsgeschwindigkeit sichtbar zu machen, empfiehlt es sich, anstelle der Momentangeschwindigkeit die Geschwindigkeitsfluktuationen zu betrachten. Dies ermöglicht eine detailliertere Untersuchung der sich entwickelnden Strömungsstrukturen. Aus vorherigen Untersuchungen ist bekannt, dass vor allem im Diffusorbereich deutlich erhöhte Druckfluktuationen vorhanden sind [6]. Da nach Bernoulli Geschwindigkeits- und Druckfluktuationen in Korrelation zueinander stehen, sind in diesem Bereich auch starke Geschwindigkeitsfluktuationen zu erwarten [59]. Da das Aero-Wummern ein stark wirbelbehaftetes und periodisches Phänomen ist, werden die Wirbelstärke sowie die bandpassgefilterten Geschwindigkeiten gemäß der Berechnung aus Abschnitt 2.4.1 ermittelt.

Wirbelvisualisierung

In dreidimensionalen Strömungsfeldern können Wirbel durch Isoflächen visualisiert werden. Da bei den PIV-Messungen das Strömungsfeld nur mit einer Kamera aufgezeichnet wird, resultieren zweidimensionale Geschwindigkeitsdaten. Folglich können die Wirbel durch Isolinien dargestellt werden.

Die Identifikation von Wirbeln erfolgt gemäß folgendem Schema: Zunächst werden die Geschwindigkeitsfluktuationen analysiert. Anhand der Geschwindigkeitsvektoren kann bereits eine Vermutung über die Position großer Wirbel angestellt werden. Diese Vermutung wird anschließend durch die Anwendung der Ω-Methode bestätigt. Hierbei wird, wie in [40] empfohlen, ein Schwellwert von $\Omega = 0,52$ gewählt, und gemäß Gleichung 2.8 wird $\epsilon = 0,06$ ermittelt. Zusätzlich zu den Isolinien wird die Karte mit der Wirbelstärke eingefärbt. Da die Wirbelstärke die Rotation eines Teilchens und nicht eine globale Rotation beschreibt, bedeutet eine Wirbelstärke ungleich Null nicht automatisch, dass ein Wirbel vorliegt. In den Bereichen, in denen die Ω-Methode jedoch einen Wirbel identifiziert, kann die Drehrichtung der Wirbel durch die Wirbelstärke bestimmt werden. Eine negative Wirbelstärke entspricht hierbei einer Drehung im Uhrzeigersinn.

Spectral Proper Orthogonal Decomposition

Die SPOD-Analyse wird eingesetzt, um die frequenzabhängigen kohärenten Strukturen aus dem Strömungsfeld zu extrahieren. Aus der Energieverteilung kann anschließend die Anzahl der relevanten Moden ermittelt werden. Dies ermöglicht die Identifikation der relevanten Mechanismen des Strömungsphänomens. Turbulente Scherströmungen werden von kohärenten Strukturen dominiert. Da es sich bei der aerodynamischen Geräuscherzeugung um ein turbulentes Strömungsphänomen handelt, werden nachfolgend die kohärenten Strukturen untersucht und analysiert. Für die Berechnung der CSD-Matrix wird der von Schmidt in [47] entwickelte Welch-Multitaper Ansatz verwendet, da dieser eine flexible Steuerung von Varianz, Bias und Auflösung bietet. Gegenüber dem Standard-Welch Ansatz hat er den Vorteil einer geringeren Varianz bei fester Frequenzauflösung, jedoch sind die Rechenkosten höher. Die Einstellparameter werden entsprechend der Empfehlung von Schmidt in [47] gewählt und werden in [60] diskutiert.

3.2 Simulationsmodell

Für die im Rahmen dieser Arbeit durchgeführten CFD-Simulationen kommt die kommerzielle Software PowerFLOW des Unternehmens 3DS Simulia zum Einsatz. Im Folgenden werden die Simulationssoftware sowie die angewandten Randbedingungen, die Diskretisierung und das Postprocessing vorgestellt.

3.2.1 Simulationssoftware

Bei der Lattice-Boltzmann-Methode (LBM) werden keine diskreten partiellen Differentialgleichungen, die das Kontinuum beschreiben, gelöst. Stattdessen handelt es sich um einen diskreten Partikelansatz zur gleichzeitigen Simulation der Strömung und Akustik, die auf einer mesoskopischen kinetischen Gleichung für die Verteilungsfunktion der Teilchen basiert. Die LBM ist von Natur aus explizit, transient und kompressibel.

Für Strömungen mit hohen Reynoldszahlen ist in PowerFLOW ein Very Large Eddy Simulation (VLES)-Turbulenzmodell implementiert. In der Turbulenzmodellierung wird zwischen anisotropen, dissipativen und inertialen Skalen unterschieden. Die anisotropen Skalen hängen mit den größten turbulenten Strukturen zusammen und sind für die Vorhersage hochgradig abgelöster Strömungen wichtig. Daher können diese nicht modelliert werden. Die dissipativen und inertialen Skalen werden bei PowerFLOW mit einem RNG-k-ϵ Zweigleichungsturbulenzmodell modelliert. [61, 62]

Das in PowerFLOW implementierte Wandmodell ermöglicht die Reduktion der Rechenzeit bei der Simulation des Fluids in Wandnähe. Durch dieses Modell können Druckgradienteneffekte berücksichtigt werden. Das ist vor allem für die korrekte Vorhersage von Strömungsablösungen von glatten Oberflächen wichtig. [61]

3.2.2 Randbedingungen

Das Fahrzeug befindet sich in der CFD-Simulation in einem virtuellen Windkanal mit den Dimensionen 98 m × 78 m × 27 m. Am Einlass strömt Luft mit einer Anströmgeschwindigkeit von $u_\infty = 60$ m/s in den Windkanal ein. Der Umgebungsdruck $p_0 = 101\,325$ Pa ist die Randbedingung am Auslass des Windkanals.

Für eine Vergleichbarkeit zu den Windkanalexperimenten wird ein stehender, reibungsbehafteter Windkanalboden simuliert. Aus demselben Grund wird die Grenzschicht entsprechend dem Modellwindkanal des FKFS eingestellt. Hierzu wird an der Spitze des SAE-Körpers eine Grenzschichtdicke mit einer Höhe von $z_{GS} = 30$ mm vorgegeben. Die Decke und Wände des Windkanals werden als reibungsfrei simuliert, sodass die Strömung nicht ungewollt beeinflusst wird. Zudem besitzt das Fluid im äußeren Bereich des Windkanals eine sehr hohe Viskosität, um eine Reflexion von Schallwellen an den Windkanalwänden zu verhindern. Der SAE-Körper inklusive Räder ist als reibungsbehaftet mit glatten Oberflächen und ohne akustische Absorption, das heißt, als schallhart, implementiert.

Da Fahrzeuge achsensymmetrisch sind, besteht die Möglichkeit, ein Halbmodell zu simulieren, um den Rechenaufwand und die Kosten zu reduzieren. Allerdings zielt diese Arbeit darauf ab, den genauen Entwicklungsmechanismus des Aero-Wummerns zu identifizieren. Da zunächst unklar ist, inwieweit die Wechselwirkungen zwischen den beiden Fahrzeughälften von Bedeutung sind, werden die Simulationen unter Verwendung eines Vollmodells durchgeführt.

3.2.3 Diskretisierung

Für die Diskretisierung verwendet PowerFLOW ein kartesisches Gitter mit symmetrischen Eigenschaften, bestehend aus dreidimensionalen Voxel-Basiselementen. An den Schnittpunkten der Körperoberfläche mit dem Fluid befinden sich die Oberflächenelemente, sogenannte Surfels. In jedem Simulationszeitschritt bewegen sich die Partikel von einem Voxel zum nächsten. [62]

Entsprechend der Definition erfolgen die Rechenschritte für die feinsten Voxels für jeden Zeitschritt. Die Kantenlänge der nächstgrößeren Voxels beträgt das Doppelte. Diese Zellen werden folglich nur jeden zweiten Zeitschritt berechnet. Der Fokus dieser Arbeit liegt auf der Betrachtung und Analyse der Unterbodenströmung, weshalb dieser Bereich besonders fein aufgelöst wird. Die kleinsten Gitterzellen haben eine Kantenlänge von $0,5$ mm.

Die genauen Details der numerischen Methode sind vertraulich, weshalb die Software nur begrenzte Anpassungsmöglichkeiten aufweist. In den durchgeführten CFD-Simulationen beträgt der Zeitschritt der kleinsten Voxel $\Delta t = 8,4 \cdot 10^{-7}$ s. Die physikalische Simulationszeit beträgt $t = 2,5$ s und das Postprocessing erfolgt nach einer Einschwingzeit von $t_s = 0,3$ s.

3.2.4 Auswertung und Postprocessing

Aufgrund der großen Datenmengen bei transienten Simulationen wird im Voraus festgelegt, welche dieser Daten gespeichert werden sollen. Im anschließenden Postprocessing werden die transienten Daten mit dem Programm PowerACOUSTICS weiterverarbeitet. Es werden Auswerteebenen parallel zum Windkanalboden definiert, wobei besonders die Auswerteebene auf der Höhe von $z = 25$ mm, welche der PIV-Messebene entspricht, im Mittelpunkt der Analyse steht. Zur Visualisierung der räumlichen Verteilung des Schalldrucks in den Auswerteebenen werden Dezibelkarten erstellt, die den Schalldruckpegel an den jeweiligen Positionen grafisch über eine Farbskala darstellen. Zusätzlich wird auf dem Unterboden des SAE-Körpers ein Array aus virtuellen Mikrofonen definiert, für welche die jeweilige Druckinformation mit einer Abtastfrequenz von $f_s = 5000$ Hz gespeichert wird. Abbildung 3.8 zeigt die Auswerteebenen und das Mikrofonarray. Bei der Berechnung des Leistungsdichtespektrums ergibt sich, analog zu den experimentellen Daten, eine Frequenzauflösung von $\Delta f = 1$ Hz.

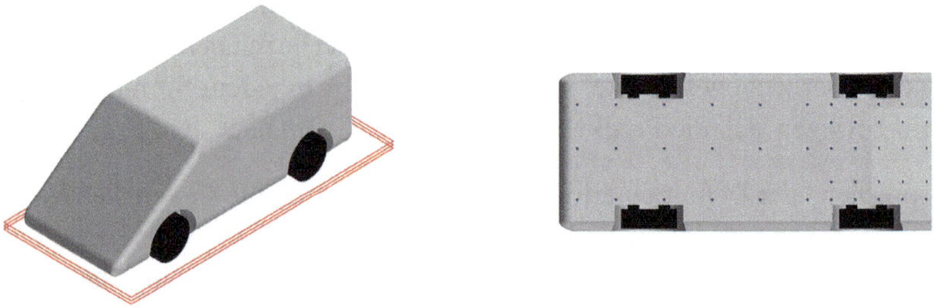

a) b)

Abbildung 3.8: Auswerteebenen a) und virtuelle Oberflächenmikrofone b) für die Auswertung transienter Daten

4 Untersuchung des Strömungsphänomens

In diesem Kapitel werden zunächst die theoretischen Betrachtungen behandelt und anschließend die Ergebnisse der experimentellen Untersuchungen präsentiert. Abschließend wird der Entstehungsmechanismus des Phänomens erläutert.

4.1 Theoretische Betrachtungen

Ziel dieser Arbeit ist es, den genauen Entstehungsmechanismus des Aero-Wummerns zu identifizieren und ein theoretisches Verständnis für die strömungsmechanischen Prozesse, die diesem Strömungsphänomen zugrunde liegen, zu erlangen. Dies ist erforderlich, um gezielt robuste Gegenmaßnahmen entwickeln zu können. Dazu wird zunächst die Umströmung der einzelnen Unterbodengeometrien sowie deren gegenseitige Beeinflussung erörtert. Die Grundlage hierfür bilden bereits in der Literatur untersuchte Umströmungen generischer Körper. Darüber hinaus werden CFD-Simulationen durchgeführt.

Die vorderen Radspoiler spielen eine entscheidende Rolle bei der Entstehung des Aero-Wummerns [6]. Im einfachsten Fall kann ein Radspoiler durch eine senkrecht angestellte ebene Platte modelliert werden, weshalb deren Umströmung im Folgenden eingehender untersucht wird. Bei einer in z−Richtung unendlich ausgedehnten Platte, kommt es an den beiden Seitenkanten der Platte zur Strömungsablösung, und hinter der Platte befindet sich ein breites Totwassergebiet mit einem starken Unterdruck. Die Stromlinien um eine senkrecht angestellte ebene Platte sind in Abbildung 4.1 veranschaulicht. Analog zu einem querangeströmten Kreiszylinder bildet sich stromab der Platte aufgrund der periodisch und alternierend ablösenden Wirbel eine instationäre Kármánsche Wirbelstraße, vgl. Abbildung 2.1. Diese Beobachtung kann durch den Einbau einer Trennplatte bestätigt werden, welche die Wechselwirkung der Wirbel unterbindet und somit zu einer signifikanten Reduktion des Widerstands

L. Breitenbücher, *Analyse, Prognose und Vermeidung von strömungsinduzierten niederfrequenten Pulsationen am Unterboden von Fahrzeugen*, Wissenschaftliche Reihe Fahrzeugtechnik Universität Stuttgart, https://doi.org/10.1007/978-3-658-52996-3_4

führt. Die Strouhalzahl für die angestellte ebene Platte liegt im Bereich von $Str = 0,15 - 0,16$ und ist aufgrund der Strömungsablösungen an den scharfen Plattenkanten unabhängig von der Reynoldszahl [11, 63, 64].

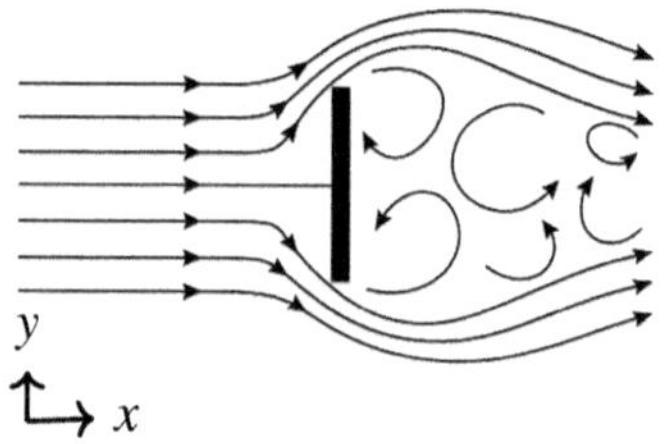

Abbildung 4.1: Stromlinien um eine senkrecht angestellte ebene Platte, nach [9]

In der Praxis kann die Umströmung des Radspoilers nicht isoliert betrachtet werden, da er am Fahrzeugunterboden montiert ist und sowohl von diesem als auch durch die Nähe zur Straße beeinflusst wird. Der Einfluss des Fahrzeugunterbodens lässt sich durch den Vergleich mit einer dreidimensional senkrecht auf dem Boden stehenden Platte veranschaulichen, wobei die Platte den Radspoiler und der Boden den Fahrzeugunterboden repräsentiert. Deren Umströmung wurde in der Literatur bereits diskutiert und wird nachfolgend betrachtet. [18] Befindet sich die dreidimensionale senkrecht angestellte Platte auf dem Boden, löst sich die Grenzschicht vor der Platte ab und rollt sich zu einer Wirbelwalze auf. Diese biegt sich an den Kanten der Platte nach hinten um. Dadurch entsteht der in Abbildung 4.2 a) skizzierte Hufeisenwirbel. Die Strömung auf der Plattenrückseite hängt vom Seitenverhältnis

$$\Lambda = \frac{b}{h} \quad \text{Gl. 4.1}$$

ab. Liegt ein Seitenverhältnis von $\Lambda \leq 0,8$ vor, strömt die Luft vor allem an den Seitenkanten der Platte vorbei und löst an diesen ab. Die Strömung auf der Plattenrückseite wird von der entstehenden Kármánschen Wirbelstraße, welche in Abbildung 4.2 b) dargestellt ist, dominiert. Mit Zunahme des Seitenverhältnisses $\Lambda > 0,8$ nimmt auch der Anteil der Strömung zu, der über die Platte hinwegströmt. Die Ablösung an der Plattenoberkante führt zu einem Dachwirbel, der die Wechselwirkungen zwischen den an den Seitenkanten entstehenden Wirbeln stört und dessen Einfluss zunimmt. Die Ausbildung der Kármánschen Wirbelstraße wird dadurch geschwächt, vgl. [65]. Aus den drei Wirbeln entwickelt sich ein bogenförmiger Wirbel, der in Abbildung 4.2 c) dargestellt ist. Bei Seitenverhältnissen von $\Lambda > 6$ ist der Einfluss der Seitenwirbel zu vernachlässigen und es liegt eine (quasi-)zweidimensionale Strömung vor. [18] Die Strouhalzahl für eine auf dem Boden stehende ebene Platte mit einem Seitenverhältnis von $\Lambda = 3,5$ beträgt nach [18] $Str \approx 0,13$.

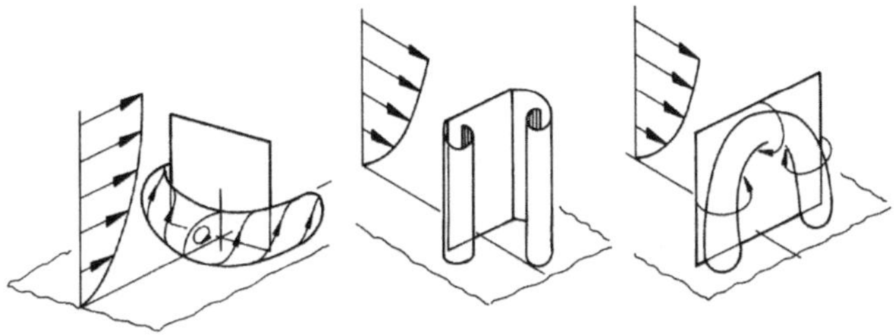

a) b) c)

Abbildung 4.2: Schematische Darstellung der Wirbelbildung an einer senkrecht auf dem Boden stehenden rechteckigen Platte, aus [18]

Aufgrund des geringen Abstands von Rädern und Radspoilern am Fahrzeugunterboden dürfen Interferenzeffekte zwischen diesen nicht vernachlässigt werden. In der Literatur wurden bereits zahlreiche Untersuchungen zu Interferenzeffekten generischer Körper gemacht. Hierbei stellen insbesondere querangeströmte Zylinder ein typisches Beispiel für die Umströmung stumpfer Körper dar. Einige dieser Erkenntnisse lassen sich auf das vorliegende Problem übertragen. Das geringe Abstandsverhältnis von $\frac{a_{x1}}{d} = 0,2$ zwischen Radspoiler und Rad führt dazu, dass sich diese wie ein einzelner umströmter Körper verhalten. Das Abstandsverhältnis zwischen den Vorder- und Hinterrädern des SAE-Körpers beträgt $\frac{a_{x2}}{d} = 3,9$. Entsprechend der Kategorisierung aus Abschnitt 2.1.4 befindet sich das Hinterrad somit im Bereich der Nachlaufwechselwirkung des Vorderrades, vgl. Abbildung 2.3. Folglich ist eine langsame und stark turbulente Anströmung des Hinterrades und eine geringe Rückwirkung des hinteren auf das vordere Rad zu erwarten.

Der Abstand in y-Richtung zwischen den Radspoilern bzw. zwischen den Vorder- bzw. Hinterrädern wird als a_{y1} bzw. a_{y2} bezeichnet. Mit der Radspoilerbreite b_{Rs} und der Räderbreite b_R ergibt sich das seitliche Abstandsverhältnis zwischen den vorderen Radspoilern zu $\frac{a_{y1}+b_{Rs}}{b_{Rs}} = 3,0$ und das zwischen beiden Vorder- bzw. Hinterrädern zu $\frac{a_{y2}+b_R}{b_R} = 6,8$. Entsprechend den Untersuchungen von Alam an zwei nebeneinanderliegenden Quadern ist zu erwarten, dass stromab der beiden Radspoiler-Rad-Konfigurationen zwei gekoppelte Wirbelstraßen entstehen, vgl. Abbildungen 2.5 c) und d). [28]

Diese Hypothesen werden im Folgenden durch eine Reihe von Grundlagensimulationen untersucht. Hierfür kommt das Programm PowerFLOW zum Einsatz und es wird ein einfaches Simulationssetup erstellt. Oberhalb des bewegten Windkanalbodens wird eine ebene Platte, die parallel zum Boden angeordnet ist, verwendet, um den Fahrzeugunterboden zu repräsentieren. Zwischen dieser Platte und dem Windkanalboden wird ein abgeschnittener Zylinder platziert, der ein Rad simuliert. In einer weiteren Konfiguration b) wird stromauf des Vorderrades eine querangeströmte rechteckige Platte an der Fahrzeugunterbodenplatte angebracht, die den Radspoiler darstellt. In einer dritten Konfiguration c) wird zusätzlich stromab des ersten Rades ein zweites Rad positioniert. Die Dimension der ebenen Fahrzeugunterbodenplatte in y-Richtung ist im Vergleich zur Breite der Räder groß. Abbildung 4.3 veranschaulicht die untersuchten Konfigurationen.

Abbildung 4.4 zeigt die Frequenzspektren eines Mikrofons, dass sich stromab des vorderen Rades befindet. Während die Pegel der Konfiguration a) bis zur Frequenz von 100 Hz nahezu konstant sind, sind die Pegel im Frequenzbereich von 10 – 50 Hz bei den Konfigurationen b) und c) deutlich erhöht. Diese Frequenzspektren ähneln denen, die bei Fahrzeugkonfigurationen gemessen wurden, bei denen das Aero-Wummern vorhanden ist [6]. Sie haben ein schmalbandiges tonales Maximum im Frequenzbereich unter 30 Hz. Anhand des Vergleichs von Konfiguration a) und b) wird bestätigt, dass die ebene Platte vor dem Rad bzw. der Vorderradspoiler für die Entstehung der tieffrequenten Druckfluktuationen und damit für das Aero-Wumern entscheidend ist.

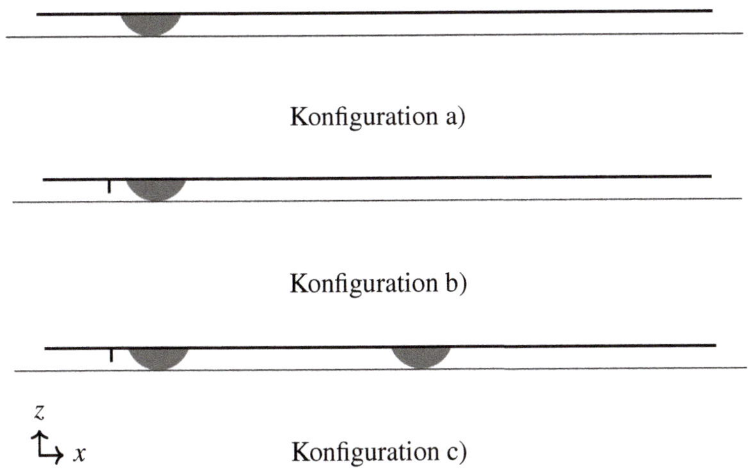

Abbildung 4.3: Seitenansicht der untersuchten Konfigurationen a), b) und c)

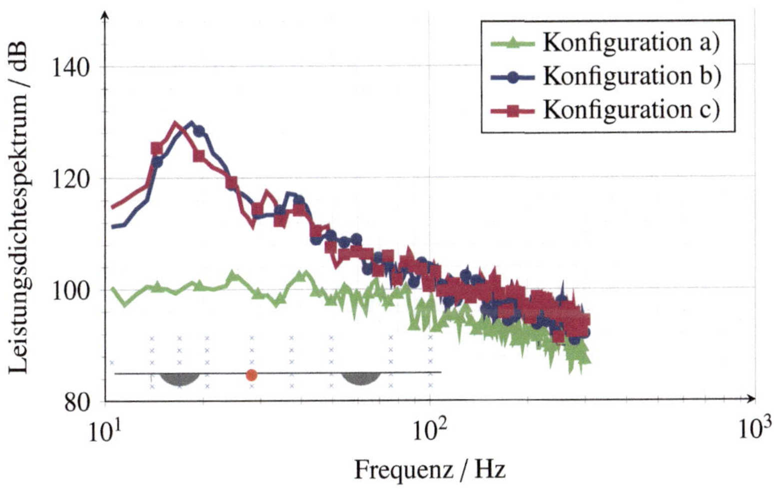

Abbildung 4.4: Vergleich der Frequenzspektren der Konfigurationen a), b) und c)

Die Pegel an der Mikrofonposition hinter dem Vorderrad zeigen, dass die Ablösefrequenz des Pegelmaximums bei Konfiguration c) im Vergleich zu Konfiguration b) leicht reduziert ist. Diese geringe Abnahme der Strouhal-Zahl wurde bereits in der Literatur bei zwei querangeströmten Tandemzylindern im Vergleich zu einem Einzelzylinder beobachtet [66] und auch bei der Untersuchung des Aero-Wummerns am generischen SAE-Körper festgestellt [6]. Insgesamt sind die Unterschiede zwischen den Spektren relativ gering und unterstützen die Annahme einer minimalen Rückwirkung des hinteren Rades auf die vorderen Geometrien, vgl. Abschnitt 2.1.4.

Abbildung 4.5 zeigt die mittleren Strömungsgeschwindigkeiten und Dezibelkarten des Leistungsdichtespektrums um 18 Hz der Konfigurationen a), b) und c) auf einer xz-Ebene auf Höhe der Radmitte. Im vorderen Bereich des Simulationsgebiets ähneln sich die Plots der mittleren Strömungsgeschwindigkeiten und Dezibelkarten von Konfiguration b) und c). Diese Beobachtungen sowie der Vergleich der Frequenzspektren bestätigen, dass keine signifikante Rückwirkung des hinteren Zylinders auf die vorderen Anbaukomponenten vorliegt.

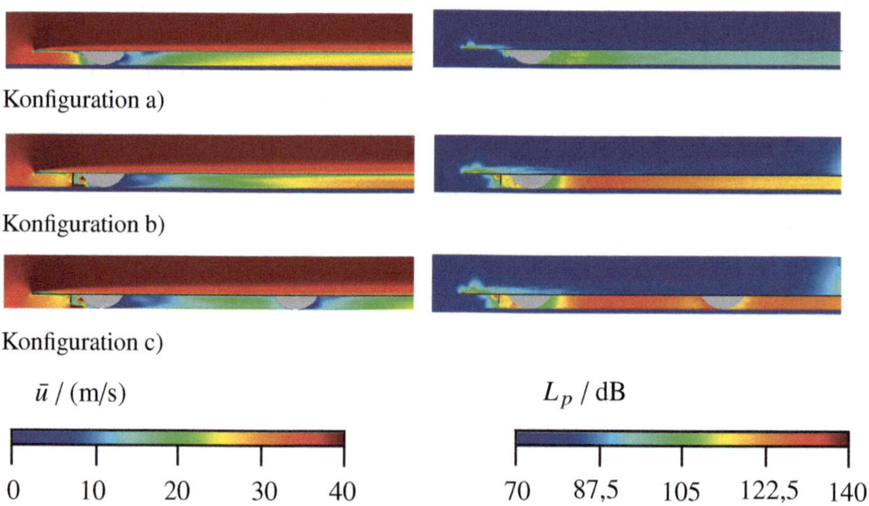

Abbildung 4.5: Mittlere Strömungsgeschwindigkeiten und Dezibelkarten des Leistungsdichtespektrums um 18 Hz der Konfigurationen a), b) und c)

Der Einfluss der Vorderradpoiler auf die Strömungssituation zeigt sich beim Vergleich der mittleren Strömungsgeschwindigkeiten der Konfigurationen a) und b). Bei der Konfiguration mit Radspoiler (Konfiguration b)) ist das Nachlaufgebiet stärker als bei der Variante ohne Radspoiler (Konfiguration a)), das heißt es erstreckt sich weiter in x-Richtung und die Geschwindigkeiten sind noch geringer. Die Ursache dafür ist, dass die Radspoiler nahezu senkrecht angeströmt werden und die Strömung als Störkörper signifikant beeinflussen.

Im Folgenden wird die Umströmung des Radspoilers detaillierter betrachtet. Hierzu wird eine weitere Variante simulativ untersucht, die einen Radspoiler aber keine Räder besitzt. Diese Variante, bezeichnet als Konfiguration d), ist in Abbildung 4.6 dargestellt.

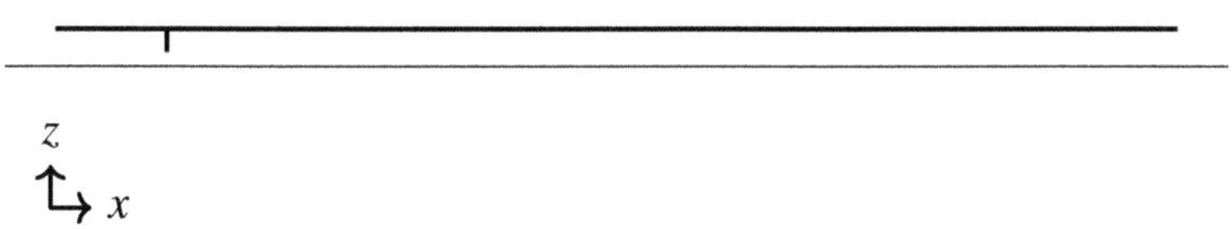

Abbildung 4.6: Seitenansicht der Konfiguration d)

Der Radspoiler ist an einer seiner Kanten direkt am Fahrzeugunterboden befestigt. An den anderen drei Kanten des Radspoilers kommt es bei der Umströmung zum Strömungsabriss, der mit der Bildung freier Scherschichten verbunden ist. Die Umströmung des Radspoilers ist in Abbildung 4.7 schematisch dargestellt. Der Geschwindigkeitsunterschied in der Scherschicht führt dazu, dass das Fluid in Rotation versetzt wird und die Instabilität der freien Scherschicht ist die Ursache dafür, dass sich der Freistrahlrand zu Wirbeln aufrollt [67]. Das Ablösegebiet der Umströmung der Unterkante des Radspoilers entspricht einer einseitigen Scherschichtentwicklung, bei der sich ein sogenannter Dachwirbel ausbildet. Dieser ist in Abbildung 4.7 in blau eingezeichnet. Beim Ablösegebiet der Umströmung der beiden Seitenkanten, in Abbildung 4.7 in rot eingezeichnet, handelt es sich um eine zweiseitige Scherschichtentwicklung mit Wechselwirkungen. Die Interaktion der beiden Scherschichten führt zur Ausbildung einer Art Kármánschen Wirbelstraße, also der periodisch und alternierenden Ablösung von Wirbeln.

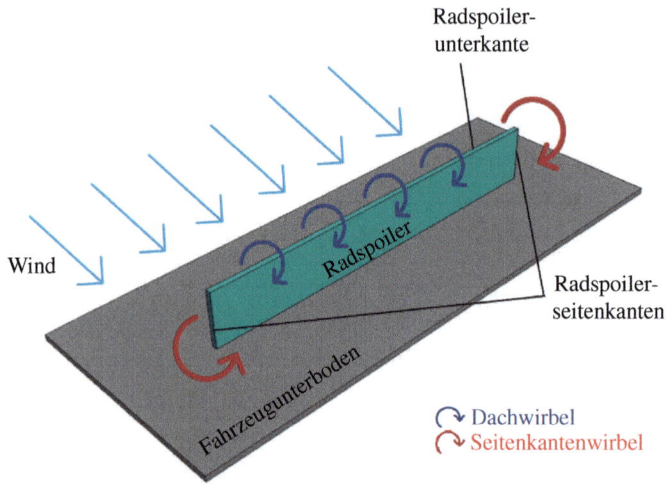

Abbildung 4.7: Wirbelbildung hinter dem umströmten Radspoiler

Basierend auf den Untersuchungen in [18] ist zu erwarten, dass sich - ähnlich wie in Abbildung 4.2 a) - vor der Platte ein Hufeisenwirbel ausbildet. Da das Seitenverhältnis des umströmten Radspoilers im untersuchten Fall $\Lambda = 3,5$ beträgt, lässt sich hinter dem Radspoiler ein Strömungsbild entsprechend Abbildung 4.2 c) vermuten. Diese Hypothesen können durch die Visualisierung der Wirbelstrukturen mithilfe der λ_2-Methode in Abbildung 4.8 bestätigt werden. Die Einfärbung der Isoflächen entspricht dabei der Wirbelstärke der unterschiedlichen Achsenrichtungen. Die Kármánsche Wirbelstraße entsteht durch Ablösungen an den beiden Seitenkanten der Platte. Die Achse der Kármánwirbel ist folglich die z-Richtung. Abbildung 4.8 c) bestätigt, dass trotz verhältnismäßig großem Seitenverhältnis die Kármánsche Wirbelstraße deutlich zu erkennen ist. Dies zeigt sich an den betragsmäßig hohen Werten der Wirbelstärke in z-Richtung ω_z. Im Gegensatz dazu entsteht der Dachwirbel aus der Strömungsablösung an der Plattenunterkante und hat seine Wirbelachse in y-Richtung. Er ist etwas schwächer als erwartet, denn die Wirbelstärke in y-Richtung ω_y ist deutlich geringer, vgl. Abbildung 4.8 b). Vermutlich kann sich der die Kármásche Wirbelstraße schwächende Dachwirbel aufgrund des Einflusses des Windkanalbodens weniger stark ausbilden.

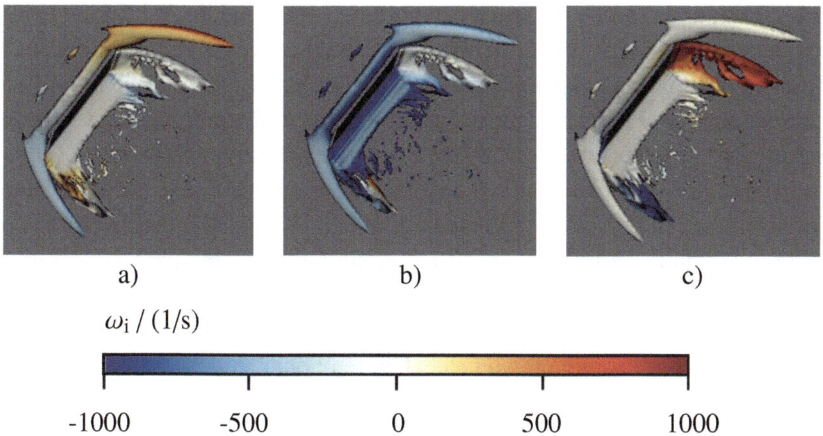

Abbildung 4.8: Wirbel um einen auf einer ebenen Platte angebrachten Radspoiler - Einfärbung mit der Wirbelstärke ω_i in x- a), y- b) und z-Richtung c)

Dieselben Beobachtungen ergeben sich auch bei den Konfigurationen mit Vorderradspoiler (Konfigurationen b) und c)). Die Spektren dieser Konfigurationen zeigen ein scharfes Maximum bei 18 Hz, deren Pegel gegenüber der Konfiguration a) um knapp 30 dB erhöht sind, vgl. Abbildung 4.4. Folglich wird die Strömung auch in diesen Fällen von der periodischen Kármánschen Wirbelstraße dominiert.

Bisher lag der Fokus auf der Untersuchung der Umströmung von Geometrien, die die vorderen Radspoiler und Vorderräder eines Fahrzeugs repräsentieren sollen. Typischerweise treten die maximalen Pegel beim Aero-Wummern im Heckbereich des Fahrzeugs auf. Daher lässt sich vermuten, dass die hinteren Anbaukomponenten ebenfalls einen entscheidenden Einfluss auf das Strömungsphänomen haben. Analog zu den Strömungsablösungen an den vorderen Radspoilern kommt es auch an den hinteren Anbaukomponenten zur Strömungsablösung. Im Heckbereich tritt eine Überlagerung der Ablösungen aus dem Front- und Heckbereich auf, was als Ursache für eine Pegelerhöhung im Heckbereich angesehen werden kann.

Das Abstandsverhältnis zwischen den vorderen und hinteren Anbaukomponenten beträgt $\frac{a_{x2}}{d} = 3,9$. Somit befinden sich die hinteren Zylinderstücke nach Zdravkovich im Bereich der Nachlaufwechselwirkung, vgl. Abbildung 2.3 [22]. Dies ist auch im Plot der gemittelten Strömungsgeschwindigkeiten der Konfiguration b) zu erkennen, vgl. Abbildung 4.5. Lockard untersucht in [27] die Umströmung zweier Zylinder in Tandemkonfiguration und zeigt, dass die Pegel der instationären Druckschwankungen durch die Nachlaufwechselwirkung am hinteren Zylinder etwa 10 – 15 dB höher sind als die am vorderen Zylinder, vgl. Abbildung 2.4. Zudem treten die maximalen Pegel bei den Umfangswinkeln $\varphi = \pm 45°$ auf. Auch beim SAE-Körper wurde bereits nachgewiesen, dass die Druckschwankungen im Heckbereich höher sind als im Frontbereich. Die maximalen Pegel traten direkt vor den Seitenkanten der Hinterräder auf, vgl. [6]. Diese Position stimmt gut mit den von Lockard angegebenen Werten $\varphi = \pm 45°$ an einem Zylinder überein. Basierend auf diesen Ergebnissen wird die Hypothese aufgestellt, dass die Wechselwirkung des Nachlaufs der vorderen Geometrien mit den Geometrien im Heckbereich die Ursache für die hohen Pegel im Heckbereich ist. Da die Anbaukomponenten im Heckbereich im Nachlauf der vorderen Anbaukomponenten liegen, werden sie langsamer und turbulenter angeströmt. Dies könnte dazu führen, dass die Druckfluktuationen, die an den Geometrien im Heckbereich entstehen, größer sind als die, die im Frontbereich durch die Wirbelablösung verursacht werden.

Da an dieser Stelle lediglich eine Fahrzeughälfte betrachtet wird, kann eine mögliche gegenseitige Interferenz der beiden Fahrzeughälften sowie das Entstehen von zwei gekoppelten Wirbelstraßen noch nicht bestätigt werden. Eine detaillierte Untersuchung dieses Aspekts erfolgt in Abschnitt 4.2.2.

4.2 Experimentelle Untersuchungen

Nachfolgend werden die Ergebnisse der Messungen im Modellwindkanal des FKFS am SAE-Körper aufgeteilt nach Messung mittels Oberflächenmikrofonen bzw. PIV diskutiert.

4.2.1 Oberflächenmikrofone

Abbildung 4.9 zeigt die Frequenzspektren der Konfigurationen mR und oR. Diese wurden aus den gemessenen Druckdaten eines Oberflächenmikrofons im Diffusorbereich mittels Fourier-Transformation berechnet. Für die Konfiguration mR zeigen sich deutlich erhöhte Druckschwankungen im Frequenzbereich zwischen 70 und 120 Hz. Die maximalen Druckschwankungen sind bei 78 Hz zu finden und der Maximalpegel beträgt dort $124,5$ dB. Bei der Konfiguration oR sind die Druckschwankungen lediglich geringfügig erhöht und der Maximalwert liegt bei 111 dB. Diese Messungen bestätigen, dass das Aero-Wummern am generischen Fahrzeugmodell auftritt. Das ermöglicht, das Strömungsphänomen und seinen genauen Entstehungsmechanismus im Folgenden detaillierter zu untersuchen.

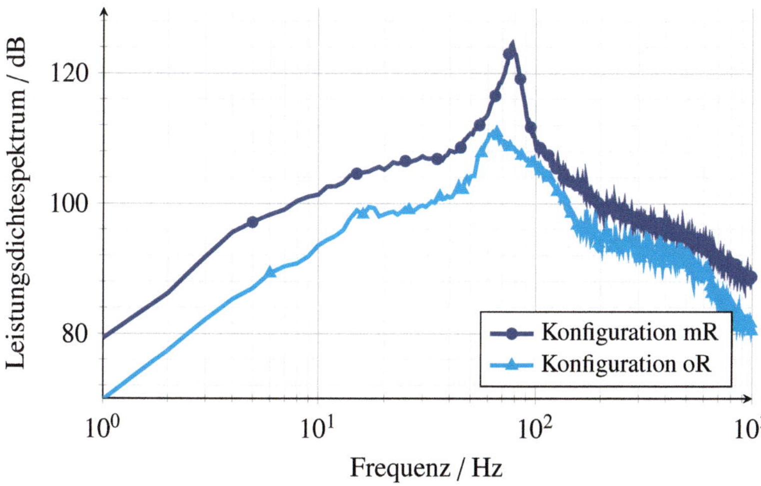

Abbildung 4.9: Frequenzspektren der Konfiguration mR (mit vorderen Radspoilern) und der Konfiguration oR (ohne vordere Radspoiler) am Referenzmikrofon

4.2.2 PIV

Für die Analyse der PIV-Messungen werden die in Abschnitt 3.1.7 beschriebenen Methoden verwendet. Zunächst wird die mittlere Geschwindigkeit der beiden Konfigurationen analysiert. Dazu sind in den Abbildungen 4.10 und 4.11 die mittleren Geschwindigkeiten der Konfiguration mR und der Konfiguration oR dargestellt. Stromab des vorderen Radspoilers und des Vorderrads befindet sich bei der Konfiguration mR der Nachlauf, in dem die Strömungsgeschwindigkeit aufgrund des Strömungsabrisses deutlich reduziert ist. Der Nachlaufbereich hinter den hinteren Anbauteilen ist deutlich kürzer. Das liegt daran, dass die hinteren Radspoiler kleiner und zusätzlich gebogen sind. Zwischen den beiden vorderen Radspoilern in der Mitte des Fahrzeugs ist ein Bereich, in dem die mittlere Strömungsgeschwindigkeit nahezu gleich der Anströmgeschwindigkeit ist. Zwischen diesem Bereich und dem Nachlauf bildet sich eine freie Scherschicht mit einem steilen Geschwindigkeitsgradienten. Auch bei der Konfiguration oR gibt es Nachlaufgebiete hinter den Rädern und Radspoilern, in denen die Strömungsgeschwindigkeit reduziert ist. Diese Gebiete sind, vor allem an der Vorderachse aufgrund des Fehlens der vorderen Radspoiler, deutlich kürzer als bei der Konfiguration mR.

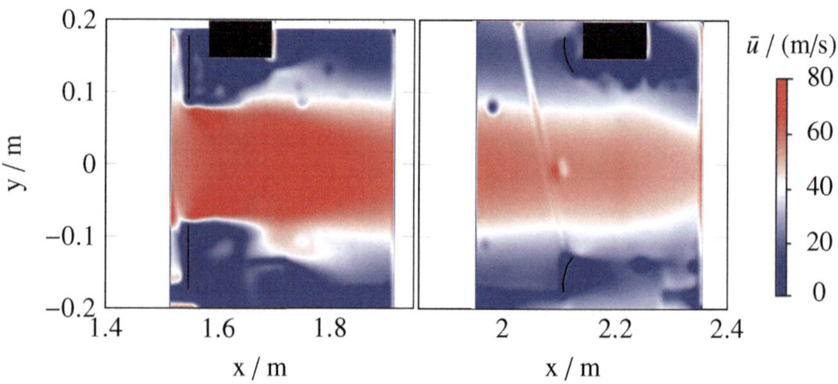

Abbildung 4.10: Mittlere Geschwindigkeit der Vorderachsmessung und Hinterachsmessung der Konfiguration mR - Auswerteebene: z = 25 mm

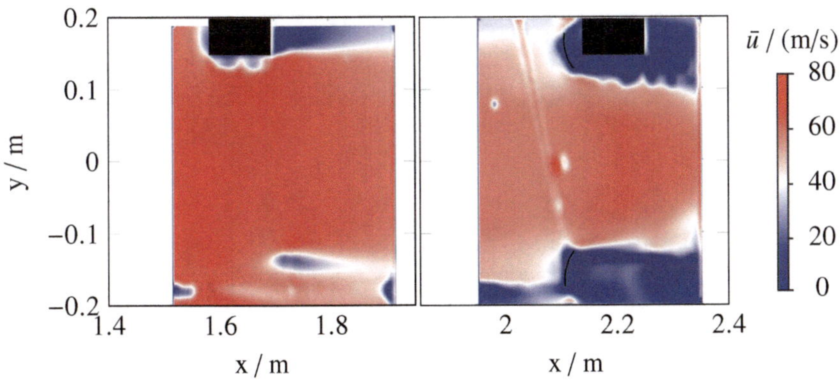

Abbildung 4.11: Mittlere Geschwindigkeit der Vorderachsmessung und Hinterachsmessung der Konfiguration oR- Auswerteebene: $z = 25$ mm

Abbildung 4.12 zeigt die Geschwindigkeitsfluktuationen der Vorderachsmessung der Konfiguration mR. Die Farbskala zeigt den absoluten Wert der Geschwindigkeitsfluktuationen. Die rote Farbe entspricht dabei einer positiven und die blaue Farbe einer negativen Geschwindigkeitskomponente in x-Richtung. Zudem wird die lokale Geschwindigkeit durch die Vektorpfeile dargestellt. Das Zeitintervall zwischen den beiden Abbildungen beträgt $\Delta t = 5$ ms. Aufgrund von Ablösungen an den Kanten der vorderen Radspoiler entstehen Geschwindigkeitsfluktuationen. Diese sind stromab der inneren Radspoilerkante betragsmäßig am größten. Die Darstellung der Vektoren lässt vermuten, dass Wirbel entstehen. Eine Wirbelstruktur ist beispielsweise bei $x \approx 1800$ mm und $y \approx 100$ mm zu sehen. 5 ms später ist eine ähnliche Struktur mit entgegengesetzter Drehrichtung vorhanden.

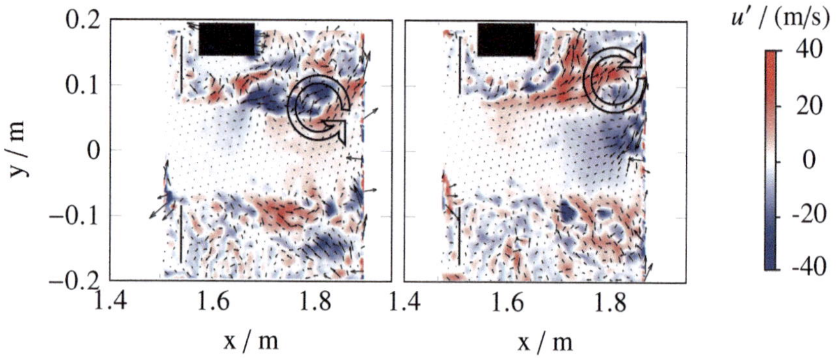

Abbildung 4.12: Geschwindigkeitsfluktuationen in Δt = 5 ms Schritten der Vorderachsmessung der Konfiguration mR - Auswerteebene: z = 25 mm

Mithilfe der Ω-Methode, vgl. Abschnitt 2.4.2, kann die Vermutung der Wirbelbildung bestätigt werden: Wie in Abbildung 4.13 zu sehen ist, befindet sich im gelb markierten Bereich ein größerer Wirbel.

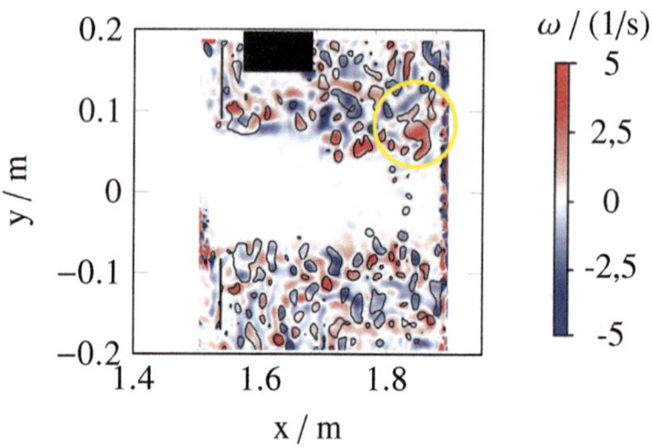

Abbildung 4.13: Wirbelisolinien von $\Omega = 0,52$ eingefärbt nach der Wirbelstärke der Vorderachsmessung der Konfiguration mR - Auswerteebene: z = 25 mm

Mithilfe der SPOD-Analyse, vgl. Abschnitt 2.4.3, kann das Phänomen und seine Entstehung noch genauer untersucht werden. Die gesamte Varianz in der Strömung entspricht hierbei der über den Raum integrierten doppelten turbulenten kinetischen Energie [46]. Abbildung 4.14 zeigt die SPOD-Spektren sowie die Darstellung der ersten beiden Moden bei der dominanten Frequenz von 75 Hz. Anhand des Spektrums wird ersichtlich, dass beinahe die gesamte Varianz - also Energie - der Strömung in der ersten Mode steckt. Während diese ein ausgeprägtes Maximum besitzt, gibt es dieses in den anderen Moden nicht. Dieses Verhalten wird im Allgemeinen als low-rank behaviour bezeichnet. Das bedeutet, dass die Daten durch eine oder eine geringe Anzahl an Basisvektoren gut abgebildet werden kann. Im vorliegenden Fall gibt es einen physikalischen Mechanismus, der die Strömung dominiert. Der Plot der ersten Mode zeigt, dass die energiereichen kohärenten Strukturen direkt hinter den vorderen Radspoilern entstehen. Ursache hierfür ist die Strömungsablösung an den Radspoilern. Vor allem auf der rechten Fahrzeugseite nimmt die Größe der Strukturen stromab signifikant zu. Wie bereits anhand des Spektrums zu erwarten war, gibt es in der zweiten Mode keine großskaligen Strukturen.

Die Geschwindigkeitsfluktuationen der Hinterachsmessung der Konfiguration mR und die Isolinien von $\Omega = 0,52$ sind in Abbildung 4.15 dargstellt. Die Vektordarstellung lässt bereits vermuten, dass das gesamte Strömungsfeld im Heckbereich des Fahrzeugs von Wirbelstrukturen dominiert wird. Dies wird durch die Wirbelvisualisierungsmethode bestätigt. Die Wirbel sind nicht nur auf die äußeren Fahrzeugbereiche beschränkt. Es entstehen auch großkalige Wirbelstrukturen entlang der Symmetrieachse des Fahrzeug, wie es in Abbildung 4.15 a) durch den Pfeil angedeutet ist. Eine Analyse von 1000 Vektorfelder der Hinterachsmessung zeigt eine dominante Frequenz der Geschwindigkeitsschwankungen bei 80 Hz. Dieser Wert stimmt gut mit der Frequenz der maximalen Druckschwankungen aus den Messungen der Oberflächenmikrofone überein. Im Diffusorbereich liegen folglich neben den maximalen Druckfluktuationen auch die maximalen Geschwindigkeitsfluktuationen vor. Das bestätigt, dass die Geschwindigkeitsschwankungen, die durch die Ablösungen an den vorderen Radspoiler entstehen für die Druckschwankungen im Heckbereich und folglich für die Entstehung des Aero-Wummerns verantwortlich sind.

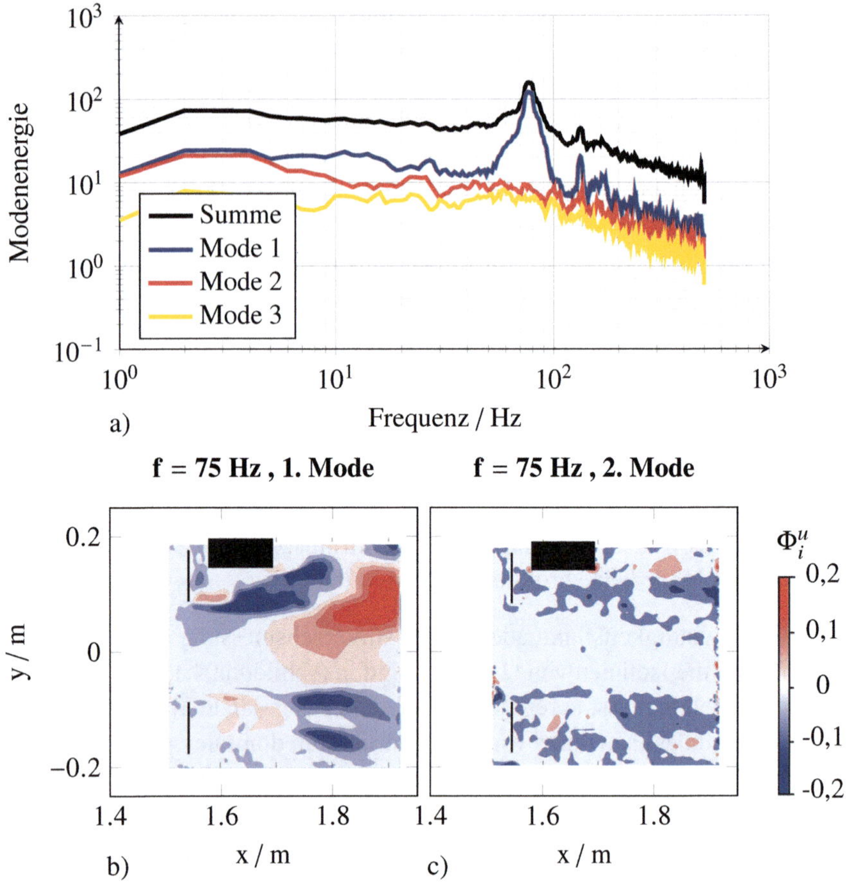

Abbildung 4.14: SPOD-Spektrum a), 1. SPOD-Mode b) und 2. SPOD-Mode c) der Vorderachsmessung der Konfiguration mR - Auswerteebene: z = 25 mm

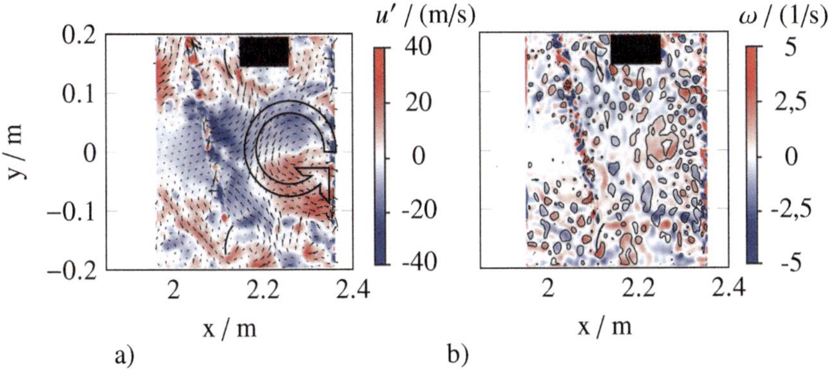

Abbildung 4.15: Geschwindigkeitsfluktuationen a) und Isolinien von $\Omega = 0,52$ b) der Hinterachsmessung der Konfiguration mR - Auswerteebene: z = 25 mm

Die SPOD-Spektren sowie die Darstellung der ersten beiden Moden bei der dominanten Frequenz von 79 Hz und bei 70 Hz sind in Abbildung 4.16 dargestellt. Wie bei der Vorderachsmessung liegt ein deutliches Maximum im Spektrum vor. Im Fall der Hinterachsmessung ist dieses auch in der zweiten Mode ausgeprägt, wobei es dort bei 70 Hz liegt. Folglich scheinen sich mehrere physikalische Mechanismen zu überlagern. Die SPOD-Darstellungen der ersten beiden Moden zeigen beide großskalige kohärente Strukturen. Die erste SPOD-Mode bei 79 Hz ist annähernd achsensymmetrisch zur y-Achse, vgl. Abbildung 4.16 b). Im Gegensatz dazu wechseln in der zweiten Mode die Vorzeichen der Strukturen zwischen linker und rechter Fahrzeughälfte, vgl. Abbildung 4.16 c). Bei 70 Hz ist dieses Verhalten genau umgekehrt, vgl. Abbildungen 4.16 d) und e).

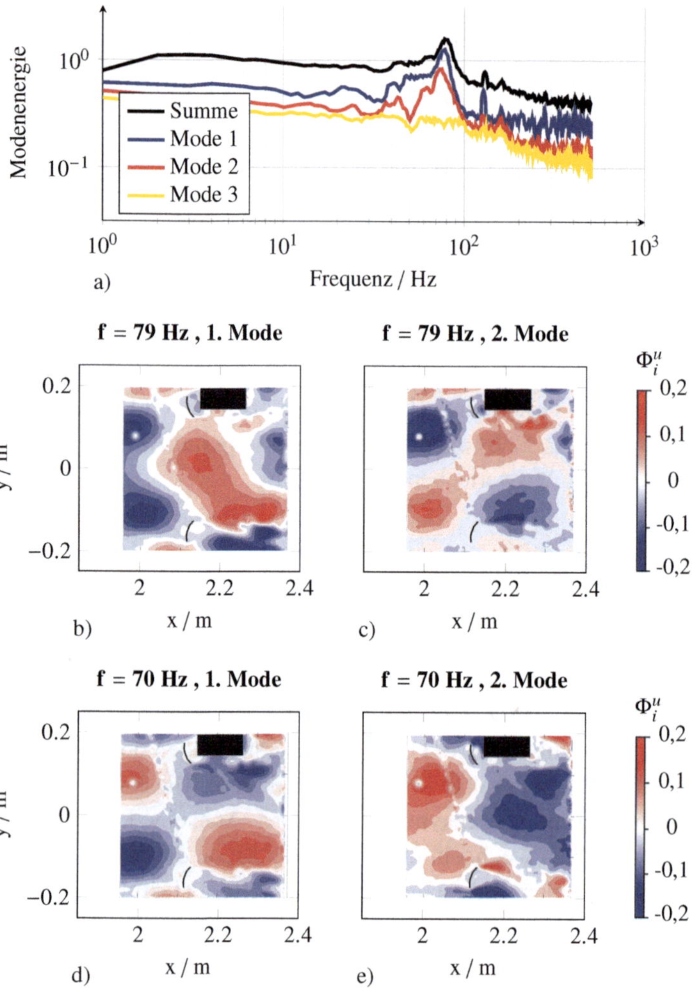

Abbildung 4.16: SPOD-Spektrum a), 1. SPOD-Mode 79 Hz b), 2. SPOD-Mode 79 Hz c) 1. SPOD-Mode 70 Hz d), 2. SPOD-Mode 70 Hz e) der Hinterachsmessung der Konfiguration mR - Auswerteebene: $z = 25$ mm

Abbildung 4.17 zeigt die bandpassgefilterten Geschwindigkeitsfluktuationen um 70 Hz und 79 Hz. Der absolute Wert der Geschwindigkeitsfluktuationen wird durch die Farbskala dargestellt. Die rote Farbe steht für eine positive und die blaue Farbe für eine negative Geschwindigkeitskomponente in x-Richtung. Die lokale Geschwindigkeit wird durch die Vektorpfeile visualisiert.

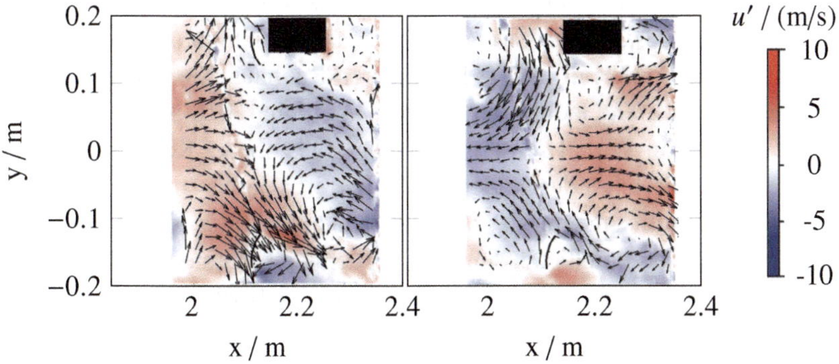

Abbildung 4.17: Bandpassgefilterte Geschwindigkeitsfluktuationen um 70 Hz a) und 79 Hz b) der Hinterachsmessung der Konfiguration mR - Auswerteebene: z = 25 mm

Die Wirbelstraßen, die sich durch die Ablösung an den hinteren Radspoilern bilden, sind bei der Frequenz 70 Hz in Phase und weisen bei 79 Hz eine Phasenverschiebung von 180° auf. Dies zeigt sich beim Vergleich der Vektorpfeile hinter den hinteren Radspoilern. Die Vektoren an den beiden Radspoilerinnenkanten in Abbildung 4.17 a) haben unterschiedliche Vorzeichen. In Abbildung 4.17 b) haben sie dasselbe Vorzeichen. Abbildung 4.17 b) weist deutliche Ähnlichkeiten zu Abbildung 4.16 b) auf. Dies war zu erwarten, da bei 79 Hz das Strömungsfeld von der ersten Mode dominiert wird, vgl. Abbildung 4.16 a).

Die beiden stromab der Radspoiler entstehenden Wirbelstraßen ähneln dem Ablösegebiet hinter zwei nebeneinanderliegenden Quadern, das von Alam in [28] untersucht wurde, vgl. Abschnitt 2.1.4. Beim hier vorliegenden Abstandsverhältnis von $\frac{a_{y1}+b_{Rs}}{b_{Rs}} = 3$ sollten diese gekoppelten Wirbelstraßen fast immer eine Phasenverschiebung von 180° aufweisen, vgl. Abbildung 2.5 c). Das dies für die erste Mode zutreffend ist zeigt Abbildung 4.16 b). Das Maximum in der zweiten SPOD-Mode kommt dadurch zustande, dass die beiden Wirbelstraßen von Zeit zu Zeit auch in Phase vorliegen. Dies zeigt die Hinterachsmessung der Konfiguration mR bei 70 Hz, vgl. Abbildung 2.5 d) mit Abbildungen 4.16 d) und 4.17 a).

In Abbildung 4.18 sind die Geschwindigkeitsfluktuationen der Vorderachsmessung der Konfiguration oR und die Isolinien von $\Omega = 0,52$ dargestellt. Die Fluktuationen sind insgesamt sehr gering und die maximalen Fluktuationen befinden sich hinter dem Vorderrad bzw. dem vorderen Radhaus. Sie entstehen durch Ablösungen an diesen Geometrien. Durch Abbildung 4.18 b) wird bestätigt, dass die Anzahl der Wirbel deutlich geringer ist als bei der Konfiguration mR. Außerdem sind diese auf den Rädernachlaufbereich beschränkt. Auch anhand des SPOD-Spektrums und der SPOD-Moden, die in Abbildung 4.19 dargestellt sind, zeigt sich, dass durch Ablösungen lediglich kleinskalige Strukturen in der Strömung entstehen. Analog zu den Messungen mit Oberflächenmikrofonen ist kein Maximum im Frequenzspektrum vorhanden.

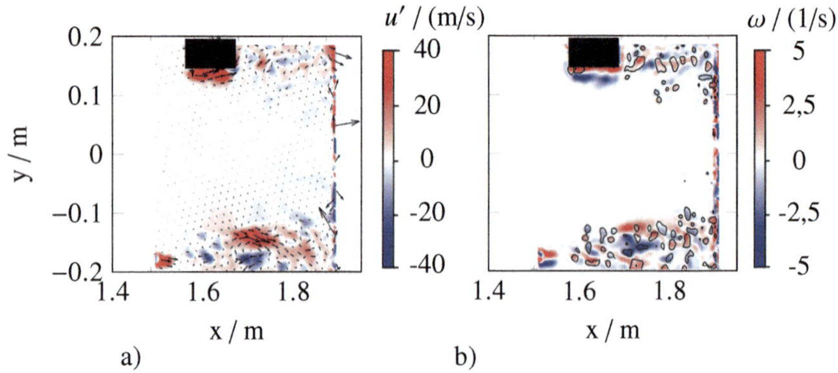

Abbildung 4.18: Geschwindigkeitsfluktuationen a) und Isolinien von $\Omega = 0,52$ b) der Vorderachsmessung der Konfiguration oR - Auswerteebene: $z = 25$ mm

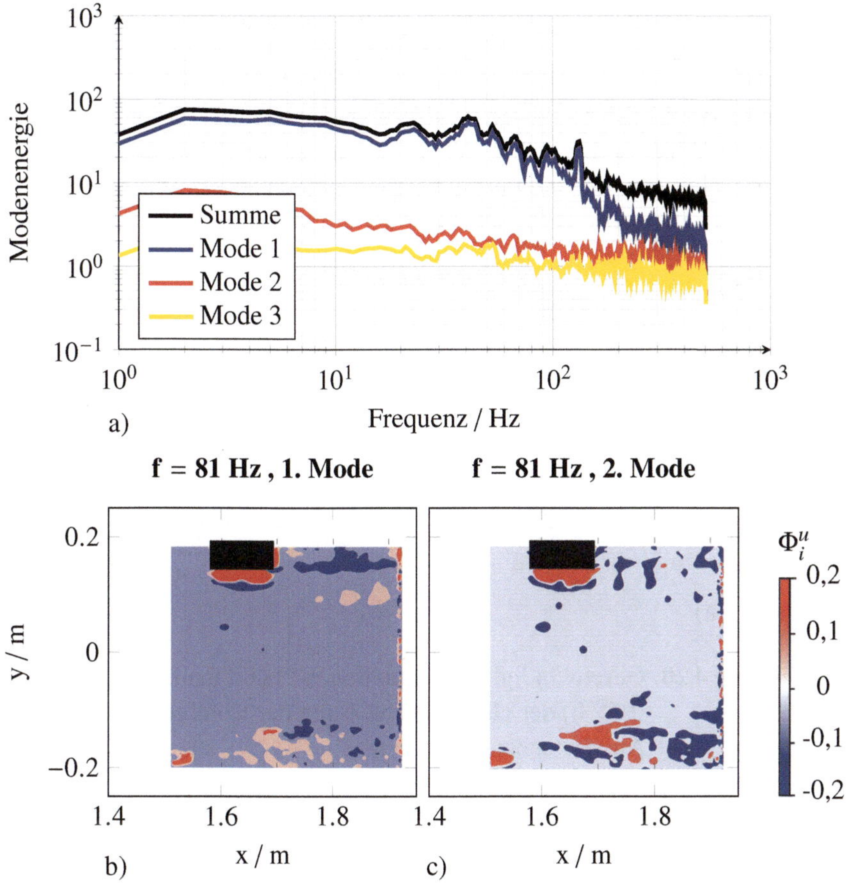

Abbildung 4.19: SPOD-Spektrum a), 1. SPOD-Mode b) und 2.SPOD-Mode c) der Vorderachsmessung der Konfiguration oR - Auswerteebene: z = 25 mm

Dasselbe zeigt sich auch bei den Ergebnissen der Hinterachsmessung. Abbildung 4.20 zeigt die Geschwindigkeitsfluktuationen der Hinterachsmessung der Konfiguration oR und die Isolinien von $\Omega = 0,52$, während das SPOD-Spektrum und die SPOD-Moden in Abbildung 4.21 dargestellt sind. Auch hier sind keine Wirbel im Bereich der Symmetrieachse des Fahrzeugunterbodens vorhanden. Die maximalen Druckfluktuationen und kleinere Wirbel entstehen vor allem durch Ablösungen an den hinteren Radspoilern.

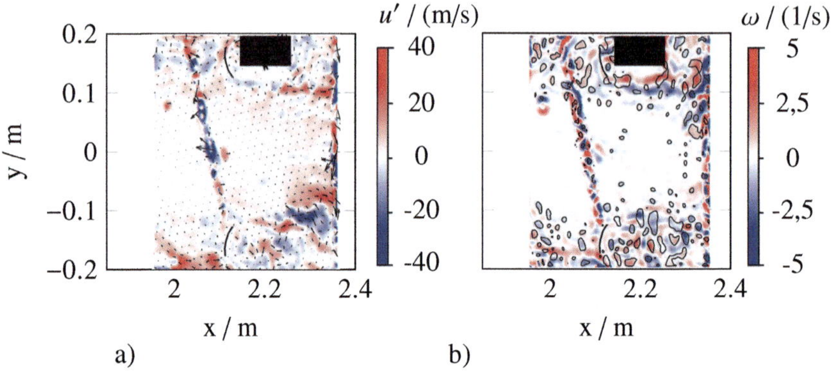

Abbildung 4.20: Geschwindigkeitsfluktuationen a) und Isolinien von $\Omega = 0,52$ b) der Hinterachsmessung der Konfiguration oR - Auswerteebene: $z = 25$ mm

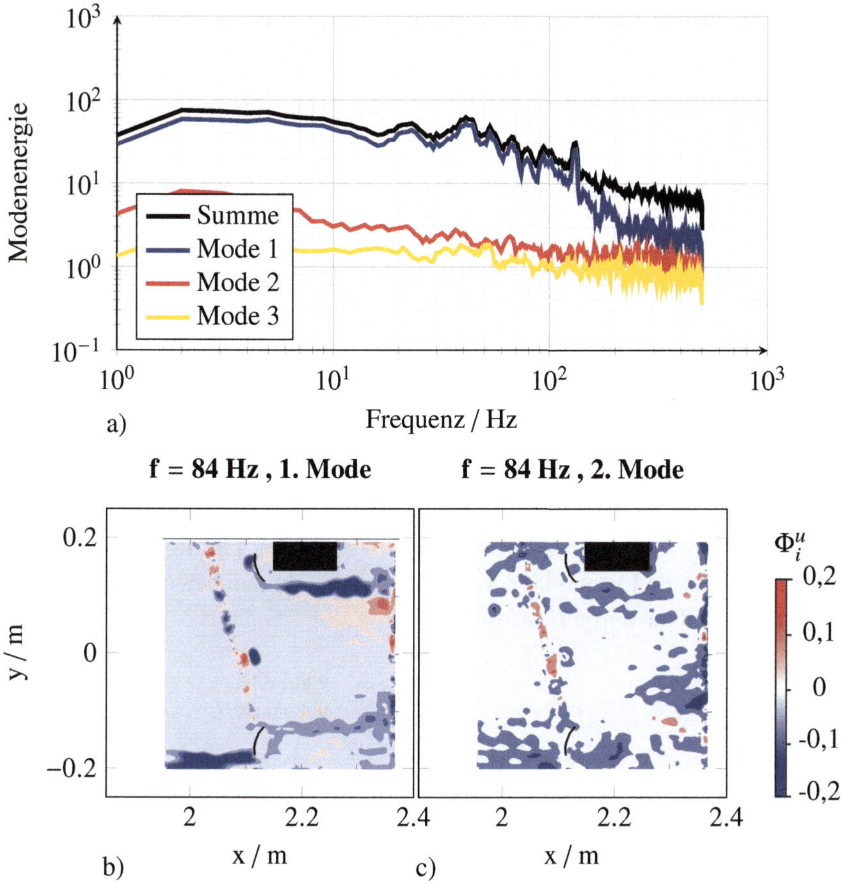

Abbildung 4.21: SPOD-Spektrum a), 1. SPOD-Mode b) und 2. SPOD-Mode c) der Hinterachsmessung der Konfiguration oR - Auswerteebene: z = 25 mm

4.3 Entstehungsmechanismus des Aero-Wummerns

Im Folgenden wird anhand der Untersuchungen der Entstehungsmechanismus des Strömungsphänomens erklärt. Dieses Verständnis wird anschließend genutzt, um Gegenmaßnahmen zu entwickeln.

Die Umströmung des vorderen Radspoilers ist für die Entstehung des Aero-Wummerns entscheidend. Nachfolgend wird der vereinfachte Radspoiler als eine senkrecht angestellte ebene Platte betrachtet, die auf dem Fahrzeugunterboden steht und in Abbildung 4.22 skizziert ist. Das ist eine Vereinfachung, da die Strömung neben dem Fahrzeugunterboden auch vom Windkanalboden oder der Straße beeinflusst wird. Der Radspoiler hat drei Kanten, an denen die Strömung ablöst und an denen sich infolgedessen zwischen Totwasser und schneller Außenströmung freie Scherschichten entwickeln: die Radspoilerunterkante und die beiden Seitenkanten. Der Geschwindigkeitsunterschied in der Scherschicht führt dazu, dass das Fluid in Rotation versetzt wird. Die Kelvin-Helmholtz-Instabilität ist die Instabilität der freien Scherschicht und bewirkt, dass sich der Freistrahlrand zu Wirbeln aufrollt [67].

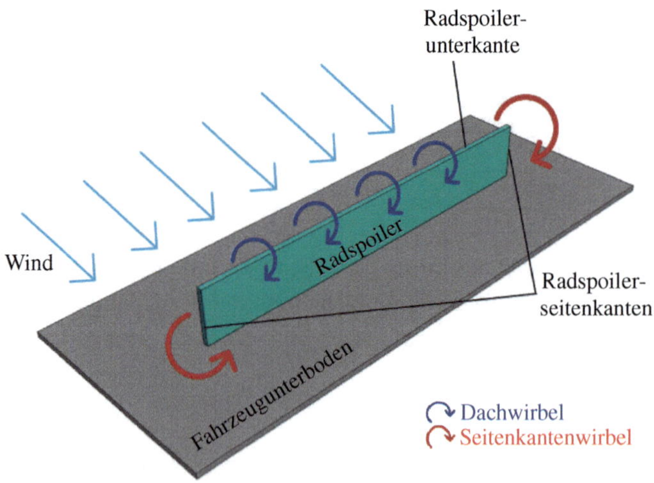

Abbildung 4.22: Darstellung der Wirbelbildung hinter dem umströmten Radspoiler

Anhand der SPOD-Analyse wird deutlich, dass der Ursprung großskaliger kohärenter Strukturen vor allem an der inneren Radspoilerseitenkante liegt, vgl. Abbildung 4.14. Aufgrund des großen Unterschieds zwischen der langsamen Nachlaufströmung hinter dem Radspoiler und der schnellen Außenströmung in der Fahrzeugmitte, besitzt die Scherschicht in diesem Bereich einen sehr starken Gradienten. In positiver x-Richtung nimmt die Breite der Scherschicht zu und ihr Gradient ab.

Die Wirbelbildung beschränkt sich nicht auf den Bereich direkt hinter den Radspoilern, wie es beispielsweise bei einem Turbulenzgitter der Fall wäre. Entlang der gesamten Scherschicht werden aufgrund der permanenten Scherung ständig Wirbel erzeugt. Dies ist in Abbildung 4.23 beispielhaft für eine Radspoilerseitenkante dargestellt. Die Größe der gebildeten Wirbel entspricht der jeweiligen Scherschichtdicke. Aufgrund der sich in Fahrzeuglängsrichtung aufweitenden Scherschicht sind die Wirbel, die direkt hinter dem Radspoiler erzeugt werden, folglich kleiner als die weiter stromab gebildeten Wirbel. Das ist die Ursache dafür, dass die Wirbel, die im Heckbereich erzeugt werden, deutlich größer sind als die, die im Frontbereich entstehen. Zudem kann die Größe der Wirbel aufgrund des Geschwindigkeitsgradienten und der dadurch verursachten Instabilitäten in der Scherschicht zunehmen, während die Wirbel stromab fließen. Dieser Prozess wird durch die Scherung in der Strömung getrieben.

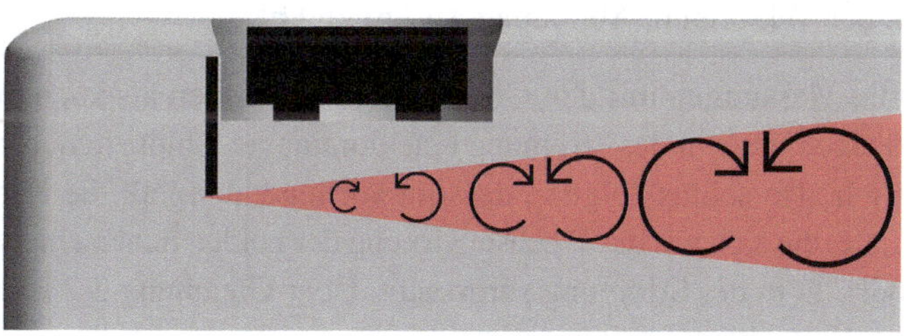

Abbildung 4.23: Schematische Darstellung der Scherschichtentwicklung und der Wirbelbildung stromab des Radspoilers

Erst zu einem späteren Zeitpunkt zerfallen die großskaligen Wirbel entsprechend der Energiekaskade, vgl. Abschnitt 2.1.5, in kleinere Strukturen und werden schließlich dissipiert. Die Erzeugung von Wirbel erfolgt unter Extraktion von kinetischer Energie der mittleren Strömung. Die größten Wirbel entstehen in der Scherschicht stromab der Radspoilerinnenkante im Fahrzeugheckbereich, da diese Scherschicht einen starken Gradienten aufweist und sich stromab aufweitet. Ein Indiz für den Energieentzug aus der mittleren Strömung ist, dass die mittlere Geschwindigkeit in der Fahrzeugmitte bei der Konfiguration mR stromab abnimmt, siehe Abbildung 4.10. Allerdings wird hier kein geschlossenes Volumen betrachtet, sodass die Geschwindigkeitsabnahme auch andere Ursachen haben könnte. Beispielsweise könnte bei der Konfiguration mR mehr Strömung seitlich vom Unterboden abfließen.

Abbildung 4.22 stellt schematisch die Umströmung des Radspoilers dar. Es kommt an allen drei Radspoilerkanten zur Strömungsablösung. Die Ablösung der Strömung um die untere Kante des Radspoilers führt zu einer einseitigen Scherschichtentwicklung, in deren Folge sich ein Dachwirbel bildet. Neben dem oben beschriebenen Mechanismus, der aus der Scherschichtinstabilität resultiert, treten die beiden Scherschichten, die aus der Ablösung an den Radspoilerseitenkanten eines Radspoilers resultieren, in Wechselwirkung. Im Nachlaufgebiet des Radspoilers und Vorderrads lösen - ähnlich wie hinter einem querangeströmten Zylinder - Wirbel periodisch, regelmäßig und alternierend vom Körper ab und fließen anschließend stromab. Die Wechselwirkung der beiden Scherschichten führt zur Bildung einer Kármánschen Wirbelstraße, vgl. Abschnitt 2.1.1. Dass die Drehrichtung der entstehenden Wirbel alternierend ist bestätigt sich beim Vergleich der Vektoren in Abbildung 4.12 a) und b).

Sowohl die Messungen mit den Oberflächenmikrofonen als auch die SPOD-Analyse zeigen, dass in der Strömung eine dominante Ablösefrequenz vorliegt. Es lässt sich also schlussfolgern, dass im vorliegenden Fall die Kármánsche Wirbelstraße, die sich aus der Wechselwirkung der beiden Scherschichten ergibt, die Periodizität in der Strömung verursacht. Über Gleichung 2.2 lässt sich die dimensionslose Ablösefrequenz zu

$$Str = \frac{f \cdot l}{u_\infty} = \frac{78\ \mathrm{Hz} \cdot 0{,}0875\ \mathrm{m}}{60 \frac{\mathrm{m}}{\mathrm{s}}} = 0{,}11 \qquad \text{Gl. 4.2}$$

berechnen. Die charakteristische Länge ist hierbei der Abstand der beiden Scherschichten, die der Radspoilerbreite entspricht. Der errechnete Wert weicht nur geringfügig von den Literaturwerten aus Abschnitt 4.1 ab. Die Unterschiede können durch den Windkanalboden bzw. die Straße oder durch weitere Interferenzeffekte, wie beispielsweise durch die Räder, zustande kommen.

Das Seitenverhältnis des Radspoilers beträgt $\Lambda = 3,5$. Es wäre zu erwarten, dass der Dachwirbel, der an der Radspoilerunterkante entsteht, die Interaktion der beiden Scherschichten der Seitenkantenwirbel schwächt, vgl. Abbildungen 4.2 und 4.22. Somit sollte die Kármánsche Wirbelstraße abgeschwächt werden, vgl. [65]. Aufgrund der Nähe des Windkanalbodens bzw. der Straße wird die Ausbildung des Dachwirbels allerdings reduziert. Daher nimmt auch dessen schwächende Wirkung ab. Mit zunehmendem Bodenabstand des Fahrzeugs nimmt der Maximalpegel im Spektrum kontinuierlich ab, vgl. [6], was diese These unterstützt.

Da die höchsten Pegelwerte typischerweise im hinteren Bereich des Fahrzeugs auftreten lässt sich vermuten, dass das Phänomen auch durch die hinteren Anbaukomponenten entscheidend beeinflusst wird. Ähnlich wie bei den vorderen Radspoilern tritt auch bei den hinteren Radspoilern eine Strömungsablösung auf, die zur Bildung von Wirbeln führt. Zudem liegen diese Geometrien im Nachlaufbereich der vorderen Anbaugeometrien, siehe Abbildung 4.10. Aufgrund der Nachlaufinterferenz kann die Umströmung der hinteren Anbaugeometrien nicht isoliert von den vorderen Geometrien betrachtet werden. Lockard zeigt in [27], dass die Nachlaufinterferenz im Falle von zwei Zylindern in Tandemkonfiguration zu einem erheblichen Anstieg der transienten Druckschwankungen führen kann, vgl. Abschnitt 2.1.4. Hier traten die maximalen Druckwerte am hinteren Zylinder auf, vgl. Abbildung 2.4. Auch wenn sich die vorliegende Geometrie von zwei Zylindern in Tandemkonfiguration unterscheidet, könnte beim Aero-Wummern ein ähnlicher Effekt auftreten.

Die zusätzlichen Anbauteile im Heckbereich des Fahrzeugunterbodens führen zu einer weiteren Erhöhung der Fluktuationen, was die Pegelerhöhungen hinter den Radspoilern erklärt. Aufgrund der dominanten Frequenz in der Strömung durch die Ablösungen vom vorderen Unterbodenbereich werden die Ablösungen im Heckbereich vermutlich - trotz unterschiedlicher Radspoilerbreite - bei derselben Frequenz getriggert. Dies ist analog zur Umströmung zweier querangeströmter Zylinder in Tandemkonfiguration. Bei unterschiedlichem Durchmesser der beiden Zylinder wurde festgestellt, dass der vordere Zylinder die Ablösefrequenz steuert. [68]

Durch die Strömungsfeldverengung aufgrund der Hinterräder und aufgrund des Diffusors wird die Strömung in Richtung Fahrzeugmitte gelenkt. In diesem Bereich überlagern sich in der Folge die Ablösungen von vorderen und hinteren Geometrien, was zu einem Anstieg der Fluktuationen führt.

Im Heckbereich des Fahrzeugs überlagern sich mehrere physikalische Mechanismen, was sich darin zeigt, dass auch in der zweiten SPOD-Mode ein Maximum bei nahezu derselben Frequenz auftritt. Wie in Abschnitt 4.2.2 beschrieben, liegt die Ursache darin, dass die ablösenden Wirbelstraßen hinter den Radspoilern zeitweise in- und antiphasig sind.

Die größten Unterschiede zwischen Konfiguration mR und oR befinden sich im Heckbereich entlang der Symmetrieachse. Während bei der Konfiguration mR großskalige Wirbel vorhanden sind, ist die Strömung bei der Konfiguration oR nahezu wirbelfrei. Die vorderen Radspoiler erzeugen eine Scherschicht, die sich bis in den Heckbereich des Fahrzeugs erstreckt und, die zu einer permanenten Erzeugung von Wirbeln führt. Da sich die Scherschicht stromab aufweitet, vgl. Abbildung 4.23, werden die entstehenden Wirbel immer größer. Die Hinterräder und der Diffusor führen außerdem dazu, dass die Luft verstärkt in die Mitte des Fahrzeugs strömt. Aus diesen Gründen liegen bei der Konfiguration mR im Heckbereich entlang der Symmetrieachse des Fahrzeugs Wirbel vor. Die Konfiguration oR besitzt keine vorderen Radspoiler. Das Nachlaufgebiet hinter dem Vorderrad ist deutlich kleiner. Daher ist der Geschwindigkeitsgradient in der sich ausbildenden Scherschicht deutlich geringer und es entstehen lediglich kleine Wirbel, die im Heckbereich bereits dissipiert sind.

5 Simulative Untersuchung des Strömungsphänomens

In diesem Kapitel werden die simulativen Untersuchungen des Aero-Wummerns behandelt. Zunächst erfolgt ein Vergleich zwischen den Ergebnissen der experimentellen Untersuchungen und den Resultaten der CFD-Simulation, um letztere zu validieren. Anschließend wird die Vorhersagbarkeit des Aero-Wummerns mittels CFD-Simulation diskutiert.

5.1 Validierung

Die Fähigkeit eines Simulationscodes, das untersuchte aeroakustische Phänomen zuverlässig vorherzusagen, ist ein entscheidendes Kriterium für die Bewertung der Software. Um zu überprüfen, ob die CFD-Simulation signifikante Unterschiede in den akustischen Vorhersagen aufweist, werden im Folgenden die beiden in Abschnitt 3.1.5 vorgestellten Basiskonfigurationen, siehe Abbildung 3.7, in PowerFLOW simuliert und mit den Ergebnissen aus dem Windkanal verglichen. In diesem Zusammenhang wird die Konfiguration mit Radhäusern und normalen Rädern betrachtet, da sie der tatsächlichen Fahrzeuggeometrie näherkommt und die Simulation aufgrund der komplexeren Geometrie anspruchsvoller ist. Im Rahmen der Validierung wurden zahlreiche weitere Varianten analysiert.

Simulationsergebnisse von PowerFLOW werden üblicherweise mit der Anwendung PowerVIZ visualisiert, wobei sie zuvor durch Interpolation, Glättung und Komprimierung verarbeitet werden. Für einen verlässlichen Vergleich von CFD-Simulationen und Windkanalexperimenten sind einheitliche Postprocessing-Einstellungen und möglichst unkomprimierte Daten erforderlich. Daher werden hier die Rohdaten exportiert und extern einheitlich verarbeitet. Im Folgenden werden die Ergebnisse des Vergleichs von CFD-Simulationen und Windkanal-

L. Breitenbücher, *Analyse, Prognose und Vermeidung von strömungsinduzierten niederfrequenten Pulsationen am Unterboden von Fahrzeugen*, Wissenschaftliche Reihe Fahrzeugtechnik Universität Stuttgart, https://doi.org/10.1007/978-3-658-52996-3_5

experimenten aufgeteilt nach Spektralanalyse und Geschwindigkeitsanalyse diskutiert.

5.1.1 Spektralanalyse

In Abbildung 5.1 sind die Frequenzspektren der Konfiguration mR für jeweils ein Mikrofon dargestellt, das sich im Front- sowie im Heckbereich des Fahrzeugs befindet. Auffällig ist das deutlich glattere Spektrum, das aus den Experimenten resultiert, im Vergleich zu dem aus der CFD-Simulation. Der Hauptgrund für diese Diskrepanz liegt im erheblichen Unterschied der Messzeiten zwischen Experiment ($t_{\mathrm{M\,Wk}} = 60$ s) und Simulation ($t_{\mathrm{M\,CFD}} = 2,5$ s). Zur Untersuchung der statistischen Plausibilität wird das aus den Windkanalmessungen gewonnene Zeitsignal in Abschnitte von $\Delta t = 3$ s unterteilt, wobei für jedes Segment das Leistungsspektrum berechnet wird. Die so erzeugten Spektren sind in hellblauer Farbe im Diagramm dargestellt. Insgesamt repräsentieren sie die Variationsbreite des Spektrums, wodurch bewertet werden kann, ob die Werte aus der Simulation innerhalb eines realistischen Schwankungsbereichs liegen.

Bei der Bewertung der Frequenzspektren liegt der Fokus auf dem Frequenzbereich von 50 bis 150 Hz, da dieser für das Aero-Wummern relevant ist. Im Frontbereich des Unterbodens zeigt die Simulation einen etwas zu niedrigen Pegel. Im Gegensatz dazu liegen die Simulationsdaten am hinteren Mikrofon über den gesamten Frequenzbereich innerhalb des erwarteten Schwankungsbereichs. Da die Druckfluktuationen über die Zwangsentlüftung in den Innenraum eingekoppeln, ist dieses Mikrofon für die Bewertung des Aero-Wummerns von wesentlicher Bedeutung.

Abbildung 5.2 zeigt die Frequenzspektren der Konfiguration oR. Sowohl im Front- als auch im Heckbereich stimmen die Fluktuationen aus der Simulation gut mit den Ergebnissen aus dem Experiment überein, wobei sie im Bereich von 300 bis 500 Hz im Frontbereich etwas zu hoch sind. Die Pegelerhöhungen im Heckbereich von bis zu 110 dB bei 60 Hz sind auf Ablösungen an den Rädern und Radhäusern zurückzuführen und werden durch die Simulation präzise abgebildet.

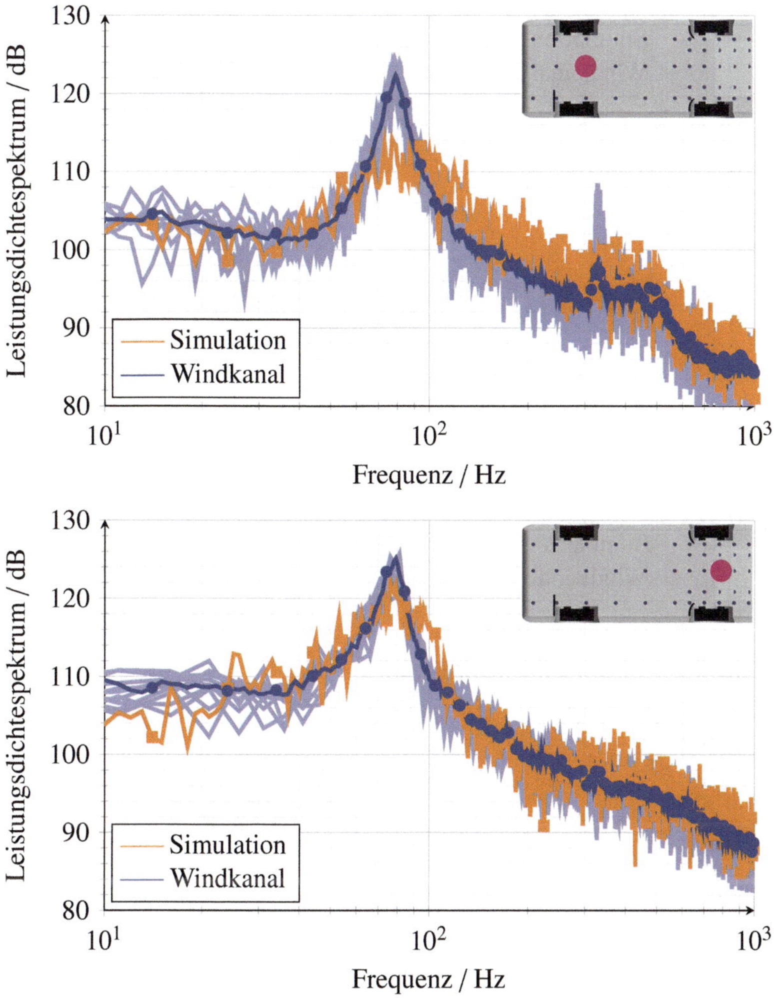

Abbildung 5.1: Vergleich der Frequenzspektren der Konfiguration mR im Front- und Heckbereich

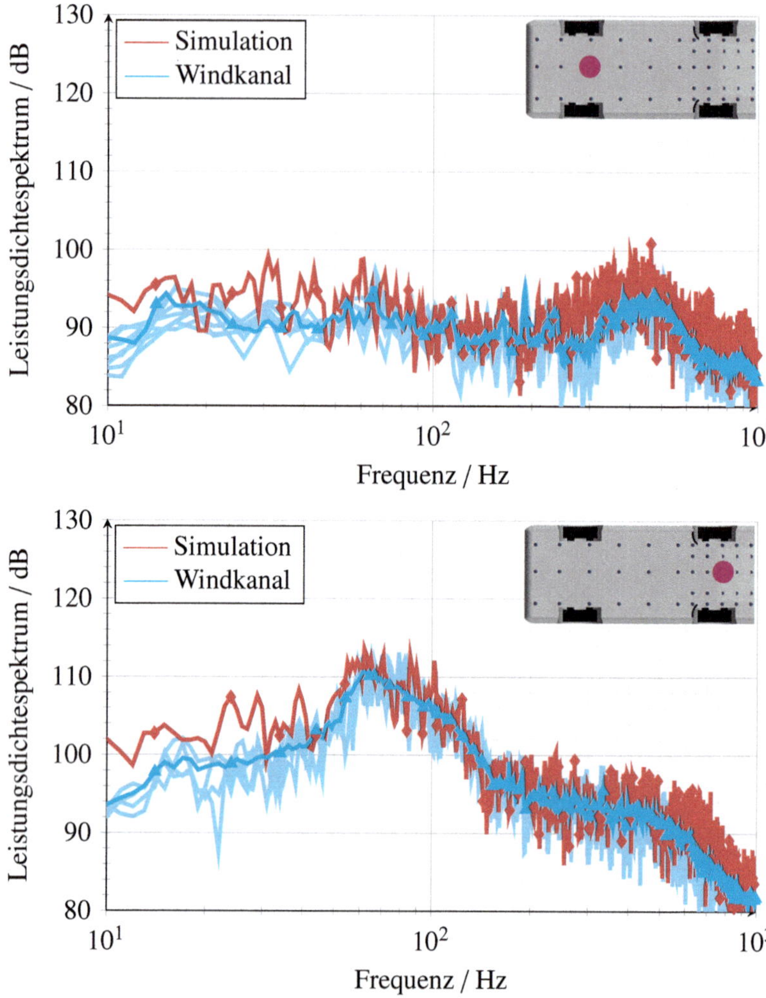

Abbildung 5.2: Vergleich der Frequenzspektren der Konfiguration oR im Front- und Heckbereich

5.1.2 Geschwindigkeitsanalyse

Aus den PIV-Messungen ergeben sich die Geschwindigkeitskomponenten u und v. Da insbesondere im Bereich starker Vortizität auch die z-Komponente w den Geschwindigkeitsbetrag beeinflusst, werden im Folgenden alle Geschwindigkeitskomponenten separat verglichen.

Für den Vergleich kommen zwei Analyseinstrumente zum Einsatz, mithilfe derer untersucht wird, ob die physikalischen Gegebenheiten durch die CFD-Simulation korrekt abgebildet werden. Aus der Subtraktion der mittleren Geschwindigkeiten werden Deltaplots berechnet, um Unterschiede der Geschwindigkeitsfelder hervorzuheben. Zudem werden Geschwindigkeitsprofile analysiert, welche die Änderung der Geschwindigkeit entlang der $y-$Achse bei einer festen $x-$Position darstellen. Da sich die Rechengitter von Simulation und Experiment unterscheiden, werden die Geschwindigkeiten zunächst auf ein einheitliches Basisnetz linear interpoliert.

Zur Validierung werden entsprechend den PIV-Messungen zwei CFD-Simulationen durchgeführt, wobei jeweils eine ohne linkes Vorder- bzw. Hinterrad erfolgt. Abbildung 5.3 zeigt die Deltaplots der u-Geschwindigkeitskomponente von Vorder- und Hinterachsmessungen der Konfigurationen mR im Vergleich zwischen Windkanal und CFD-Simulation. Die Radspoiler verursachen im Laserlichtschnitt einen Schattenwurf. Somit sind an diesen Stellen keine Partikel in den diskreten Auswertepunkten vorhanden, was bei der Bildkorrelation zu fehlerhaften Vektordarstellungen im Schattenbereich führt. Insgesamt werden die Windkanalergebnisse durch die Simulation recht gut abgebildet. Die größten Abweichungen befinden sich im Bereich des linken Radspoilernachlaufs und entlang $y = 0$ im Bereich von $1,7\ \mathrm{m} < x < 2,2\ \mathrm{m}$. Dort sind die von PowerFLOW vorhergesagten Geschwindigkeiten etwas zu gering.

Abbildung 5.4 stellt die Geschwindigkeitsprofile an den in Abbildung 5.3 durch getrichelte Linien gekennzeichneten x-Position dar. Das Geschwindigkeitsprofil ähnelt dem einer sich stromabwärts entwickelnden turbulenten Kanalströmung. Hierbei sind die Innenseiten der Räder die Berandung des Strömungskanals. Im Frontbereich weist die Strömung nahezu ein Rechteckprofil auf und ist erst im Heckbereich vollständig ausgebildet. Im Gegensatz zu einer laminaren Kanalströmung ist das Geschwindigkeitsprofil fülliger und besitzt einen

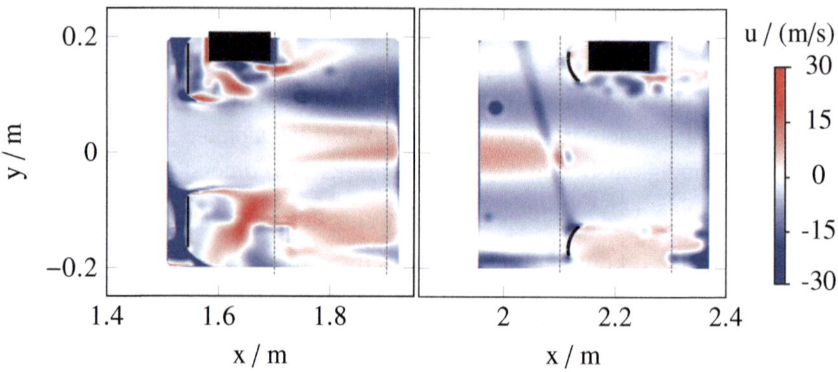

Abbildung 5.3: Deltaplot der u-Geschwindigkeitskomponente der Konfiguration mR. Hierbei wurde die mittlere Geschwindigkeit in x-Richtung aus der CFD-Simulation von dem Ergebnis aus dem Windkanal abgezogen.

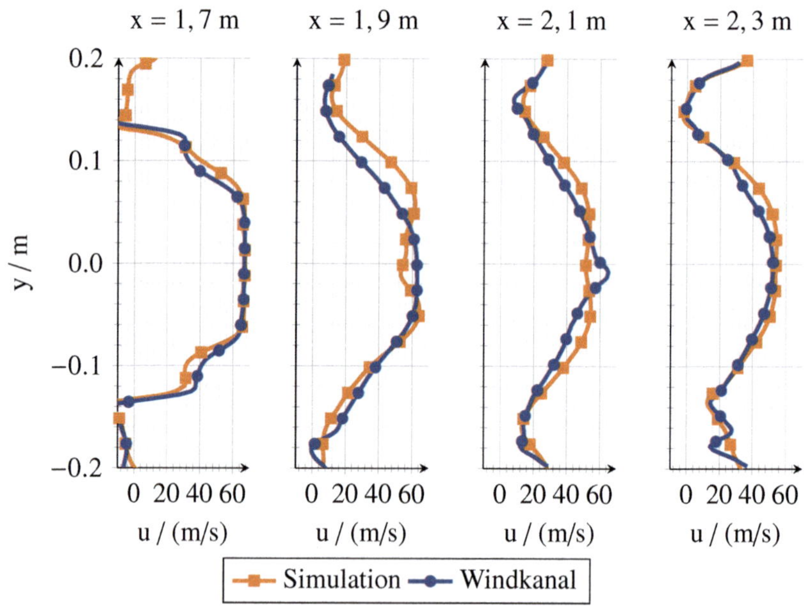

Abbildung 5.4: Geschwindigkeitsprofile der Konfiguration mR

deutlich flacheren Gradienten am Rand des Strömungskanals. Der höhere Impulsaustausch im Falle einer turbulenten Strömung führt zu einer höheren Wandschubspannung.

Insgesamt wird die grundlegende Struktur der Strömung durch die Simulation präzise vorhergesagt. Bei $x = 1,7$ m und $x = 2,3$ m sind die Profile von Windkanal und Simulation nahezu identisch, mit Ausnahme des Bereichs um $y = \pm 0,1$ m bei $x = 1,7$ m, wo der Scherschichtgradient sein Maximum erreicht. In diesem Bereich sind die turbulenten Fluktuationen maximal. Die Abweichungen sind möglicherweise auf eine nicht vollständig adäquate Modellierung durch das Turbulenzmodell zurückzuführen. Bei $x = 1,9$ m fällt die bereits im Deltaplot festgestellte Abweichung um $y = 0$ auf. Dort gibt es in der Simulation unphysikalische Oszillationen unklaren Ursprungs, die auch bei $x = 2,1$ m zu erkennen sind. Zudem ist bei $x = 1,9$ m die Scherschicht auf der rechten Fahrzeugseite etwas in y-Richtung verschoben, ihr Verlauf wird allerdings korrekt abgebildet. Der Unterschied zwischen der linken und der rechten Fahrzeughälfte resultiert aus unsymmetrischen Ergebnissen. Die Ursache für diese Abweichungen könnte im Experiment auf geometrische Unterschiede zurückzuführen sein, während der Ursprung in der Simulation unklar ist.

Nachfolgend wird die Konfiguration oR betrachtet. In den Abbildungen 5.5 und 5.6 sind die Deltaplots bzw. Geschwindigkeitsprofile der Vorder- und Hinterachsmessungen dargestellt. Insgesamt sind die Übereinstimmungen der Deltaplots ausgeprägt. An der Vorderachse gibt es lediglich kleinere Abweichungen im Frontbereich sowie an der Innenseite und hinter dem rechten Vorderrad. An diesen Stellen kommt es zur Strömungsablösung, wodurch turbulente Strukturen entstehen. Bei der Hinterachsmessung liegen die größten Abweichungen im Bereich um die Radspoiler und das Hinterrad vor. In der Fahrzeugmitte weisen die Ergebnisse von Windkanal und Simulation eine hohe Übereinstimmung auf. Die Geschwindigkeitsprofile ähneln sich bei allen x-Postionen. Es gibt einige wenige Ausreißer bei $x = 1,9$ m und $x = 2,1$ m. Diese können auf Fehler in den experimentellen Daten durch Klebebänder sowie auf Verfälschungen durch den Schatten des hinteren Radspoilers zurückgeführt werden.

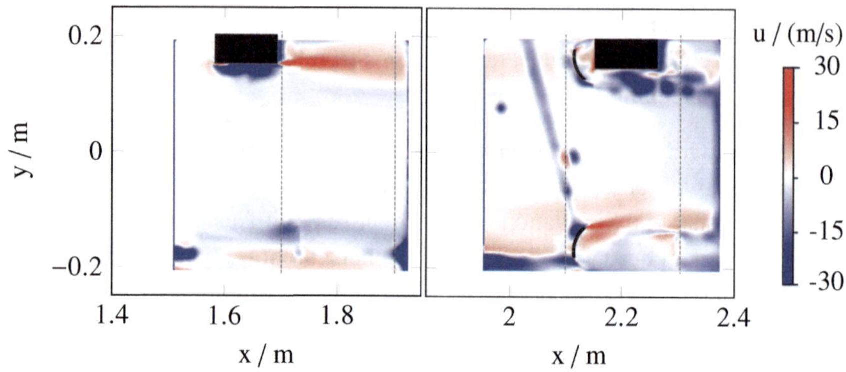

Abbildung 5.5: Deltaplot der u-Geschwindigkeitskomponente der Konfiguration oR. Hierbei wurde die mittlere Geschwindigkeit in x-Richtung aus der CFD-Simulation von dem Ergebnis aus dem Windkanal abgezogen.

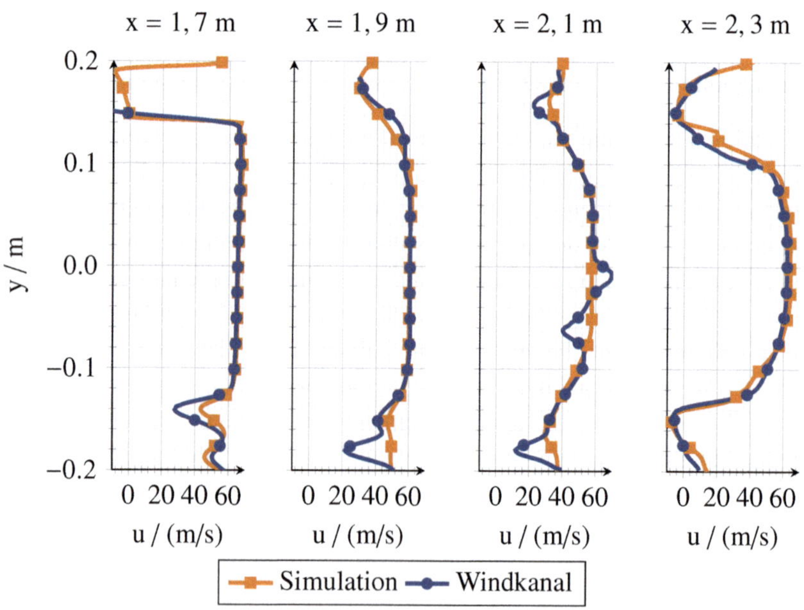

Abbildung 5.6: Geschwindigkeitsprofile der Konfiguration oR

Der Vergleich dieser Ergebnisse zeigt, dass das Aero-Wummern durch die Simulationssoftware PowerFLOW zuverlässig abgebildet werden kann. Dies ermöglicht eine Bewertung zukünftiger Fragestellungen und potenzieller Gegenmaßnahmen mithilfe dieses CFD-Setups.

5.2 Vorhersagbarkeit des Strömungsphänomens

CFD-Simulationsprogramme bieten ein umfangreiches Repertoire an Analysewerkzeugen, die im Experiment, wenn überhaupt, nur aufwändig umsetzbar wären. Die Zuverlässigkeit der Simulationsergebnisse wurde durch entsprechende Variantenstudien belegt. Im Folgenden wird exemplarisch die mittels CFD-Simulation durchgeführte SPOD-Analyse vorgestellt. Anschließend wird ein Bewertungsschema ausgearbeitet, um Fahrzeugkonfigurationen hinsichtlich des Aero-Wummerns zu bewerten und gegebenenfalls frühzeitig und effizient Gegenmaßnahmen zu entwickeln.

5.2.1 SPOD-Analyse

Ein Vorteil der CFD-Simulationen im Vergleich zu experimentellen Untersuchungen besteht darin, dass der gesamte Bereich des Unterbodens in einer einzigen Berechnung erfasst werden kann. Die SPOD-Analyse wird ebenfalls mit den simulierten Daten durchgeführt. Abbildung 5.7 veranschaulicht die erste SPOD-Mode der Konfiguration mR bei 80 Hz.

Analog zu den experimentellen Ergebnissen zeigt auch die CFD-Simulation die Entstehung großskaliger kohärenter Strukturen, die ihren Ursprung an den vorderen Radspoilern haben. Zur Berechnung der Ausbreitungsgeschwindigkeit der ersten Mode wird die halbe Wellenlänge $\lambda/2$ anhand des Abstands zweier unterschiedlich gefärbter Hochpunkte gemessen. Aus dieser und der entsprechenden Frequenz f ergibt sich die Ausbreitungsgeschwindigkeit der ersten Mode zu

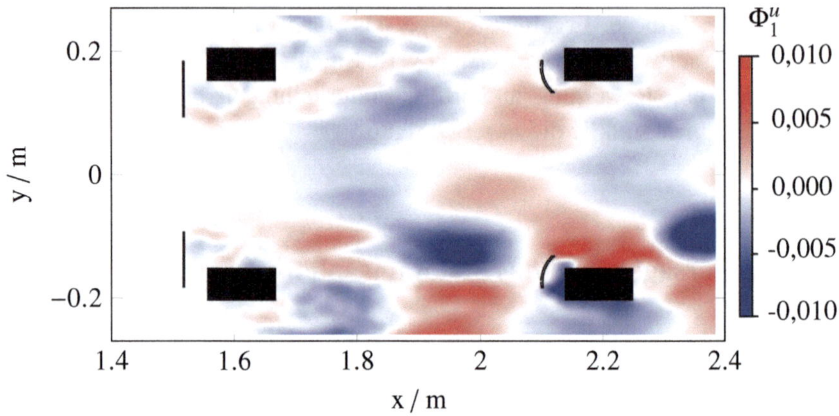

Abbildung 5.7: Erste SPOD-Mode um 80 Hz der Konfiguration mR

$$u_{\mathrm{M1}} = \lambda \cdot f = 0,52\ \mathrm{m} \cdot 80\ \mathrm{Hz} = 42\ \frac{\mathrm{m}}{\mathrm{s}}. \qquad \text{Gl. 5.1}$$

Die periodisch kohärenten Wirbelstrukturen der ersten Mode bewegen sich folglich mit einer Geschwindigkeit, die etwas geringer ist als die Anströmgeschwindigkeit von $u_\infty = 60$ m/s, stromab. Bei der Berechnung der SPOD-Moden bleibt die Phaseninformation erhalten, und in den dargestellten Abbildungen ist jeweils nur das Ergebnis für einen spezifischen Phasenwinkel zu sehen. Aus den Abbildungen mit unterschiedlichen Phasenwinkeln kann eine Animation generiert werden, welche die räumliche Ausbreitung der Wirbel und deren dynamische Entwicklung über die Zeit visualisiert.

5.2.2 Bewertungsschema

Nachfolgend wird das im Rahmen dieser Arbeit entwickelte Bewertungsschema anhand der Konfiguration mR vorgestellt. Die aus den virtuellen Oberflächenmikrofonen resultierenden Frequenzspektren, vgl. Abbildung 5.1, dienen als erstes Analyseinstrument, um eine Fahrzeugkonfiguration hinsichtlich des Aero-Wummerns zu bewerten. Sie zeigen jedoch lediglich die Pegelwerte an einzelnen Messpunkten. Um ein detaillierteres Bild der gesamten Unterbodenströmung zu erhalten, werden auf den in Abbildung 3.8 a) dargestellten Auswerteebenen Dezibelkarten erstellt. So kann neben dem Gesamtschalldruckpegel auch das Leistungsdichtespektrum für spezifische Frequenzbänder von 1 Hz analysiert werden, was die Lokalisierung der maximalen Druckfluktuationen für bestimmte Frequenzen ermöglicht.

Abbildung 5.8 zeigt den Gesamtschalldruckpegel, während in Abbildung 5.9 das Leistungsdichtespektrum um 80 Hz dargestellt ist. Diese Frequenz wurde aus dem Mikrofonspektrum als Frequenz des maximalen Pegels ermittelt, vgl. Abbildung 5.1. Anhand des Leistungsdichtespektrums wird deutlich, dass die maximalen Pegel - im Frequenzbereich des Aero-Wummerns - im Diffusorbereich zwischen den Hinterrädern auftreten. Die Dezibelkarte des Gesamtschalldruckpegels hilft bei der Ermittlung weiterer Bereiche im Unterboden, die möglicherweise näher analysiert werden sollten.

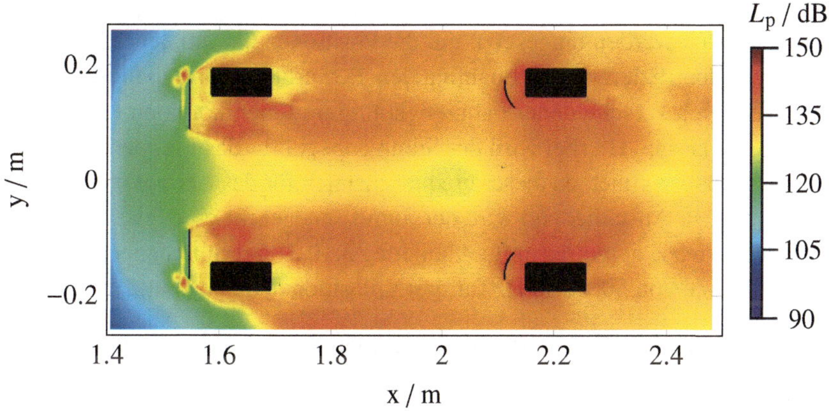

Abbildung 5.8: Dezibelkarte des Gesamtschalldruckpegels der Konfiguration mR - Auswerteebene: z = 25 mm

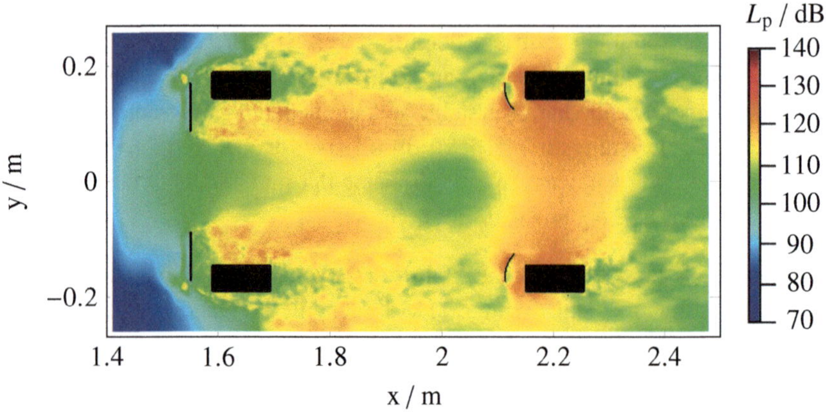

Abbildung 5.9: Dezibelkarte des Leistungsdichtespektrums um 80 Hz der Konfiguration mR - Auswerteebene: z = 25 mm

Dezibelkarten werden eingesetzt, um die Positionen maximaler Schalldruckpegel zu identifizieren. Zur quantitativen Bewertung des Schalldrucks und zum Vergleich verschiedener Fahrzeugkonfigurationen kommen Gradientenplots zum Einsatz. Hierbei wird der Summenpegel für das Frequenzband von 50 – 100 Hz berechnet, da dieser Frequenzbereich für das Aero-Wummern von Bedeutung ist. Anschließend wird der Summenpegel für eine feste x-Position über der y-Achse aufgetragen. In Abbildung 5.10 ist der Summenpegel für das Frequenzband von 50 – 100 Hz für drei x-Positionen dargestellt.

Um eine neue Fahrzeugkonfiguration gemäß diesem Schema zu bewerten, werden zunächst die Frequenzspektren der virtuellen Oberflächenmikrofone analysiert, um die Frequenz des maximalen Pegels zu ermitteln. Anschließend kann für diese Frequenz eine Dezibelkarte des Leistungsdichtespektrum erstellt werden. Aus dieser Dezibelkarte werden x-Positionen für die Visualisierung des Summenpegels im Frequenzband von 50 – 100 Hz abgeleitet. Die Erstellung einer Dezibelkarte des Gesamtschalldruckpegels ist optional, kann jedoch bei der Lokalisierung relevanter x-Positionen nützlich sein. Für die Bewertung und Optimierung von Gegenmaßnahmen kann der Summenpegel der jeweiligen Fahrzeugkonfiguration mit den Summenpegeln der beiden Basiskonfigurationen - mit und ohne Radspoiler - verglichen werden.

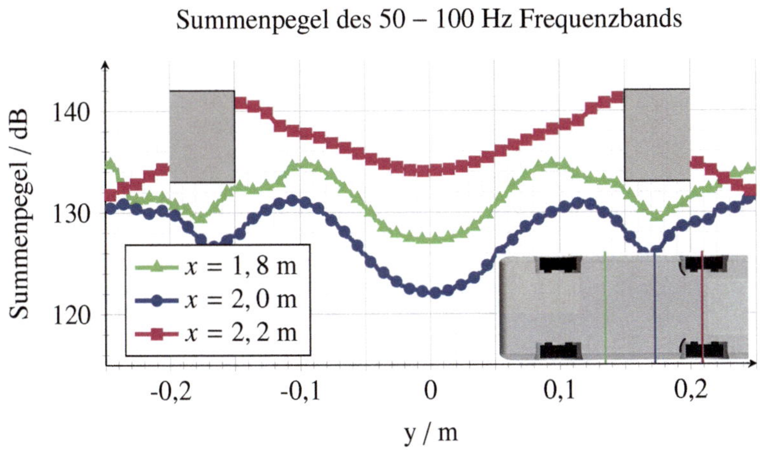

Abbildung 5.10: Summenpegel des 50 – 100 Hz Frequenzbands der Konfiguration mR - Auswerteebene: z = 25 mm

6 Entwicklung von Gegenmaßnahmen

In diesem Kapitel werden potenzielle Maßnahmen diskutiert, die das Phänomen Aero-Wummern vermeiden sollen. Im Anschluss daran erfolgt die Übertragung dieser Maßnahmen auf ein reales Fahrzeug, wobei die aeroakustische und aerodynamische Wirksamkeit evaluiert wird.

6.1 Lösungsansätze

Im Folgenden werden zwei Lösungsansätze präsentiert, die darauf abzielen, das Aero-Wummern zu reduzieren.

6.1.1 Störkörper

Eine Möglichkeit zur Reduzierung der niederfrequenten Pulsationen besteht darin, einen oder mehrere Störkörper am Fahrzeugunterboden anzubringen. BEVs zeichnen sich typischerweise durch einen sehr glatten Unterboden aus. Die sich ausbildende Scherschicht bzw. die daraus resultierende Kármánsche Wirbelstraße können sich ungestört ausbilden. Geeignet platzierte Störkörper sollen dies verhindern. Für die Störkörper werden Winkelprofile (WP) gewählt, deren Geometrie und Bezeichnungen in Abbildung 6.1 a) dargestellt sind. Die Abmessungen der Winkelprofile am SAE-Körper im Modellmaßstab betragen $l_{\mathrm{WP}} = 20$ mm, $h_{\mathrm{WP}} = 25$ mm und $\gamma_{\mathrm{WP}} = 90°$.

6.1.2 Wirbelgenerator

Eine zweite Möglichkeit zur Reduzierung des Aero-Wummerns besteht darin, Wirbelgeneratoren (WG) am oder in der Nähe des vorderen Radspoilers

L. Breitenbücher, *Analyse, Prognose und Vermeidung von strömungsinduzierten niederfrequenten Pulsationen am Unterboden von Fahrzeugen*, Wissenschaftliche Reihe Fahrzeugtechnik Universität Stuttgart, https://doi.org/10.1007/978-3-658-52996-3_6

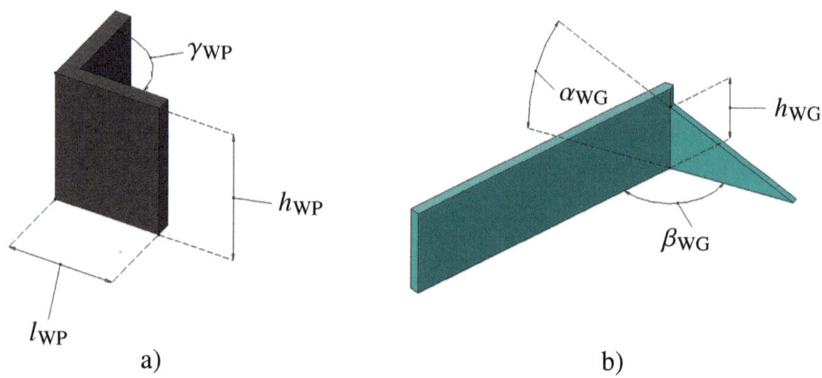

Abbildung 6.1: Geometrien des Winkelprofils a) und Wirbelgenerators b) mit Abmessungen

anzubringen. Diese Wirbelgeneratoren erzeugen Längswirbel in Hauptströmungsrichtung, die darauf abzielen, die Entwicklung der Scherschicht an der Innenkante des Radspoilers zu beeinflussen. Dadurch sollen die durch die Scherschicht verursachten Druckfluktuationen reduziert werden. Der Wirbelgenerator wird daher direkt an der Innenkante des Radspoilers oder mit einem kleinen Spalt in y–Richtung positioniert. Abbildung 6.1 b) visualisiert einen am Radspoiler montierten Wirbelgenerator mit Bezeichnungen. Die Abmessungen der Wirbelgeneratoren am SAE-Körper im Modellmaßstab betragen $h_{WG} = 24$ mm, $\alpha_{WP} = 22°$ und $\beta_{WP} = 115°$.

6.2 Bewertung der Maßnahmen

Um die Wirksamkeit der Gegenmaßnahmen zu untersuchen, werden Windkanalmessungen und CFD-Simulationen durchgeführt. Im Folgenden werden einige der untersuchten Varianten vorgestellt. Die aerodynamische Bewertung ist erst am realen Fahrzeug mit drehenden Rädern möglich und wird im nachfolgenden Abschnitt behandelt.

6.2.1 Störkörper

Als erstes werden die Störkörper im Modellwindkanal des FKFS untersucht. Hierbei werden die vereinfachten Räder an das Fahrzeugmodell montiert, um die Maßnahme ohne Einfluss der Radhäuser bewerten zu können. Zunächst werden auf beiden Fahrzeugseiten jeweils sieben Störkörper angebracht. Ziel dieser Messung ist es, zu ermitteln, ob diese Maßnahme die Druckfluktuationen verringert. Anschließend wird die Anzahl der Winkelprofile reduziert, und es werden verschiedene Kombinationen gemessen. Damit soll die optimale Position der Störkörper identifiziert werden. Vor allem die Ablösungen an der Innenkante des Radspoilers führen zur Entstehung von Wirbeln, vgl. Abschnitt 4.3. Daher werden die Störkörper an der Verlängerung der inneren Radspoilerkante positioniert. Abbildung 6.2 zeigt die Position und Nummerierung der Störkörper.

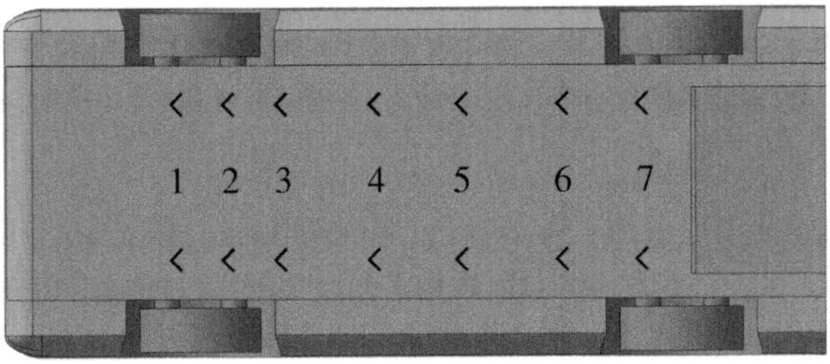

Abbildung 6.2: Position und Nummerierung der Störkörper

In Abbildung 6.3 sind die Frequenzspektren verschiedener Varianten dargestellt, bei denen die Anzahl der Störkörper variiert wurde. Die Ergebnisse zeigen, dass eine höhere Anzahl an Störkörper nicht zwangsläufig zu einem besseren Ergebnis führt. Wird der für das Aero-Wummern relevante Frequenzbereich von 50 bis 150 Hz betrachtet, werden mit den Winkelprofilen 3-7 die besten Ergebnisse erzielt. Werden nur die Winkelprofile 3-5 angebracht, ist der Maximalpegel etwas höher und liegt im gleichen Bereich wie bei der Variante mit allen sieben Winkelprofilen. Ein einzelnes Winkelprofil an der Position 3 führt zu einer Reduktion des Pegels um 4 dB.

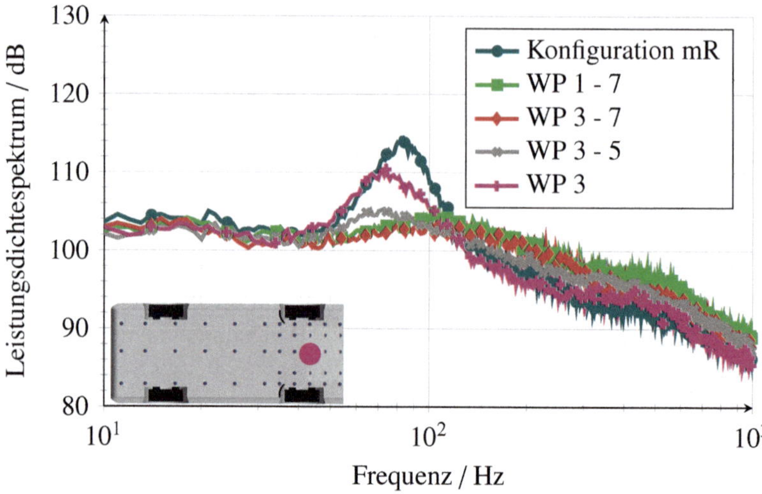

Abbildung 6.3: Vergleich der Frequenzspektren der Windkanalmessungen an der Referenzmessstelle - Variation der Störkörperanzahl

Um die Funktionsweise der Störkörper zu erläutern, sind in Abbildung 6.4 die SPOD-Spektren sowie die mittels der Ω-Methode berechneten Wirbelisolinien dargestellt. Wie im Frequenzspektrum des Mikrofons im Heckbereich sind im SPOD-Spektrum keine ausgeprägten Maxima zu erkennen. Die Störkörper wirken - vergleichbar mit einer Trennebene - der Interaktion der Scherschichten an den Kanten der beiden Radspoiler entgegen und verhindern somit die Ausbildung einer Kármánschen Wirbelstraße mit einer dominanten Frequenz. Dennoch kommt es an den Störkörpern zur Strömungsablösung, was zur Bildung von Wirbeln führt. Diese Wirbel entstehen jedoch unregelmäßig, wodurch sie keine dominante Frequenz hervorrufen.

Für die optimale Positionierung eines einzelnen Störkörpers ergeben sich folgende Überlegungen: Der Störkörper ist vermutlich dort am effektivsten, wo die Scherschicht den schärfsten Gradienten aufweist. Abbildung 6.5 zeigt die bandpassgefilterten Geschwindigkeitsfluktuationen um 79 Hz der Vorderachsmessung der Konfiguration mR. Die schärfste Scherschicht befindet sich direkt stromab der Radspoilerinnenkante. Das Vorderrad wirkt allerdings ähnlich wie

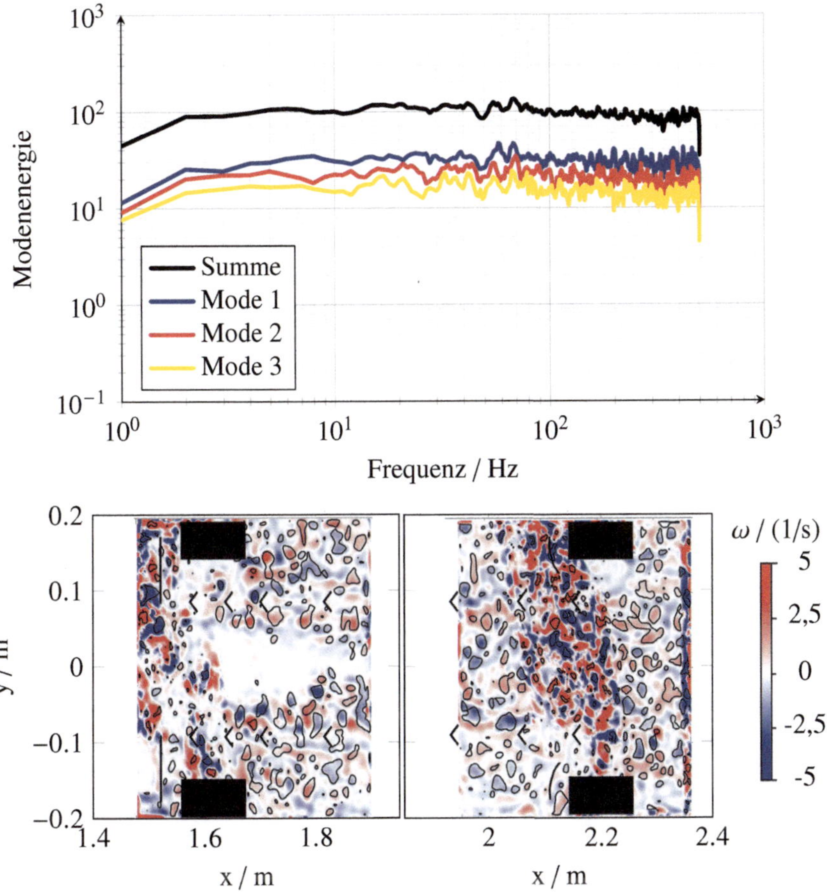

Abbildung 6.4: SPOD-Spektrum und Isolinien von $\Omega = 0,52$ der Konfiguration mit Winkelprofilen

eine Trennebene und führt dazu, dass die Scherschichten der beiden Radspoilerkanten erst stromab der Vorderräder interagieren. Daher sollte die x–Position des Störkörpers hinter den Vorderrädern liegen. Aus diesen Überlegungen ergibt sich der in Abbildung 6.5 gelb umrahmte Bereich als besonders relevanter Bereich für den Störkörper.

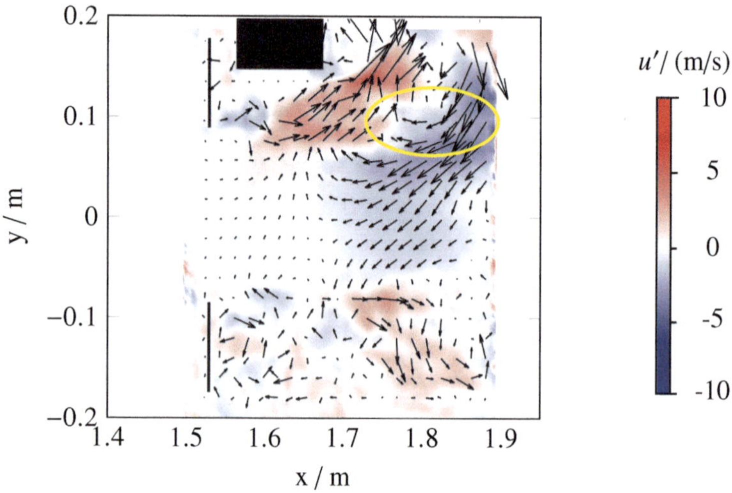

Abbildung 6.5: Bandpassgefilterte Geschwindigkeitsfluktuationen um 79 Hz der Vorderachsmessung der Konfiguration mR - Auswerteebene: z = 25 mm

Aus diesem Grund werden einzelne Winkelprofile an den Positionen 3, 4 und 5 untersucht, vgl. Abbildung 6.2. Die sich aus diesen Messungen ergebenden Frequenzspektren sind in Abbildung 6.6 dargestellt. Es zeigt sich, dass das Winkelprofil an der Position 3 die Druckfluktuationen am stärksten reduziert. Die geringste Wirkung resultiert aus dem an der Position 5 angebrachten Winkelprofil. In diesem Bereich sind die Wirbel vermutlich bereits so groß, dass der Einfluss des Störkörpers zu gering ist. Dies zeigt, dass die Ablösungen möglichst frühzeitig gestört werden sollten.

Eine Variantestudie mit unterschiedlicher Winkelprofilanzahl wird anschließend auch mittels CFD-Simulationen durchgeführt. Hierbei werden anstelle der vereinfachten Räder die normalen Räder mit Radhäusern verwendet. Die Frequenzspektren sind in Abbildung 6.7 abgebildet. Obwohl die Kurven aufgrund der kürzeren Messzeit stärker schwanken als die Ergebnisse aus den Windkanalmessungen, sind dieselben Trends erkennbar.

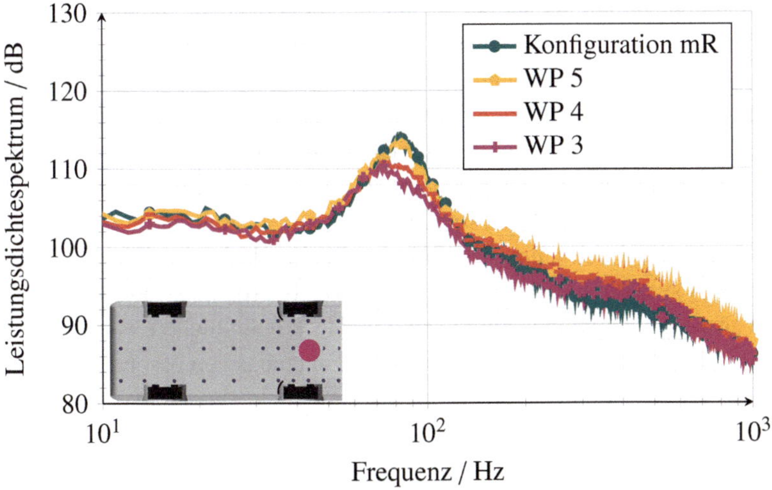

Abbildung 6.6: Vergleich der Frequenzspektren der Windkanalmessungen an der Referenzmessstelle - Variation der Störkörperposition

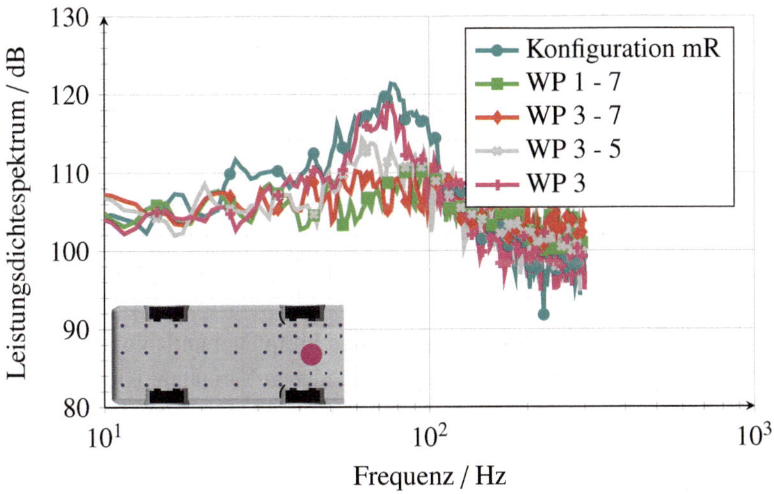

Abbildung 6.7: Vergleich der Frequenzspektren aus der CFD-Simulation an der Referenzmessstelle - Variation der Störkörperanzahl

Um die Druckverteilung auf der gesamten Auswerteebene zu analysieren, zeigt Abbildung 6.8 die Dezibelkarte des Leistungsdichtespektrums um 80 Hz für die Variante mit den Winkelprofilen 3 bis 5. Der Vergleich mit der Dezibelkarte der Konfiguration mR in Abbildung 5.9 bestätigt die Wirkung der Gegenmaßnahme. Direkt stromab der vorderen Radspoiler weisen die Dezibelkarten eine hohe Ähnlichkeit auf, wobei die Ablösungen an den Winkelprofilen zu erhöhten Druckschwankungen führen. Im Gegensatz zur Konfiguration mR sind diese jedoch auf den Bereich um die Winkelprofile beschränkt. Im Heckbereich des Fahrzeugs sind die Druckschwankungen deutlich reduziert. Da die Anregung des Fahrzeuginnenraums über die sich im Heck befindliche Zwangsentlüftung erfolgt, sind die Pegel im Heckbereich des Fahrzeugs von besonderer Relevanz.

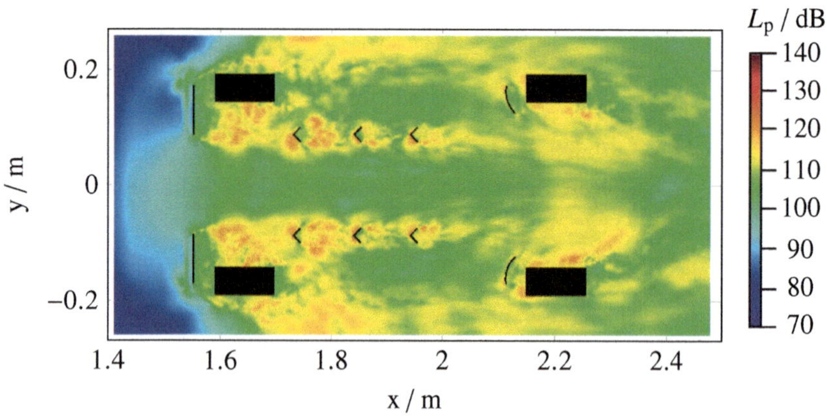

Abbildung 6.8: Dezibelkarte des Leistungsdichtespektrums um 80 Hz der Variante mit den WPen 3 bis 5 - Auswerteebene: z = 25 mm

Abbildung 6.9 zeigt den Summenpegel des Frequenzbands von 50 – 100 Hz auf Höhe der Hinterradachse für die verschiedenen Varianten. Die Bereiche der Hinterräder sind ausgegraut, da in diesen Gebieten keine sinnvollen Ergebnisse erwartet werden können. Im Bereich um $y = 0$ zeigen sich dieselben Trends wie bei den Frequenzspektren der Mikrofone. In den Varianten, in denen die hinteren beiden Winkelprofile installiert sind, sind die Druckfluktuationen im Bereich um $y = \pm 0,07$ m im Vergleich zur Variante mit den Wirbelgeneratoren 3 bis 5 erhöht. Dies spiegelt die Erkenntnis aus der Dezibelkarte wider, dass die Winkelprofile zu einer lokalen Erhöhung der Druckfluktuationen führen. Diese

Beobachtung legt nahe, dass Störkörper nicht zu weit im Heckbereich platziert werden sollten, da sie als zusätzliche Schallquellen fungieren können.

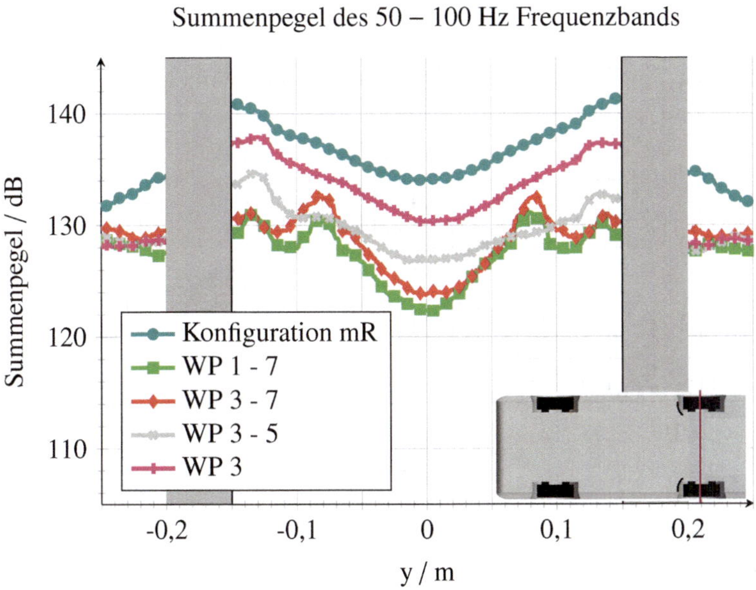

Abbildung 6.9: Summenpegel des 50 – 100 Hz Frequenzbands bei $x = 2,2$ m der Variation der Störkörperanzahl - Auswerteebene: z = 25 mm

6.2.2 Wirbelgenerator

Um zu überprüfen, ob Wirbelgeneratoren das Aero-Wummern reduzieren können, wird als erstes ein Versuch im Modellwindkanal des FKFS durchgeführt. Hierzu wird der Basisradspoiler um ein in Strömungsrichtung zeigendes Dreieckselement erweitert. Der modifizierte Radspoiler ist in Abbildung 6.1 b) dargestellt. Auch hier wird das Fahrzeugmodell mit vereinfachen Rädern verwendet. Die Frequenzspektren der Konfiguration mR und der Konfiguration mit Wirbelgenerator sind in Abbildung 6.10 dargestellt. Der Wirbelgenerator reduziert die Druckfluktuationen signifikant, sodass im Spektrum nur eine minimale Pegelerhöhung vorhanden ist.

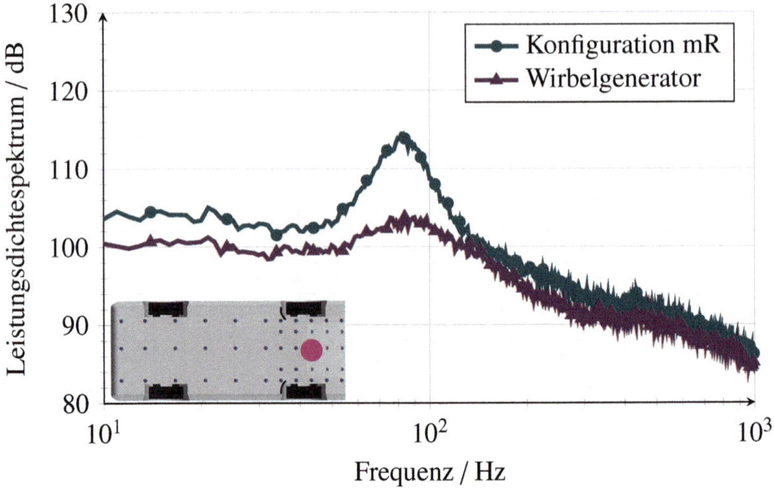

Abbildung 6.10: Vergleich der Frequenzspektren an der Referenzmessstelle - mit und ohne Wirbelgenerator

Um die Funktionsweise der Wirbelgeneratoren zu veranschaulichen, werden Anstrichbilder der beiden Fahrzeugkonfigurationen erstellt, die in Abbildung 6.11 dargestellt sind. Hierfür werden in Öl gelöste Farbpartikel auf den Unterboden des Fahrzeugs aufgetragen. Anschließend wird das Fahrzeug im Windkanal positioniert und bei einer Strömungsgeschwindigkeit von $u_\infty = 180$ m/s für $t = 30$ s angeströmt. Anhand der Anstrichbilder kann eine Aussage über die Wandschubspannung getroffen werden. Bereiche, in denen sich das Fluid ansammelt, weisen eine geringe Wandschubspannung auf. Im Gegensatz dazu geht eine hohe Wandschubspannung mit einem signifikanten Abtrag von Fluid einher. Aufgrund des hohen Impulsaustauschs in den Scherschichten treten in diesen die höchsten Fluktuationen auf. Dort wird eine hohe Wandschubspannung erwartet.

a)

b)

Abbildung 6.11: Anstrichbilder der Konfiguration mR a) und der Konfiguration mit Wirbelgeneratoren b)

Stromab der Innenkante der vorderen Radspoiler entstehen bei der Konfiguration mR zwei Farbschlieren, in denen sich das Fluid sammelt, vgl. Abbildung 6.11 a). In y-Richtung nach außen ist direkt daneben das Gebiet zu finden, in dem das Fluid stark abgetragen wird. Hier befindet sich die Scherschicht, in der die höchsten Wandschubspannungen auftreten. Da es sich um ein symmetrisches Modell handelt, müssten die Stromlinien ebenfalls symmetrisch verlaufen. Die beobachteten Abweichungen sind darauf zurückzuführen, dass das Modell nach dem Windkanaltest gedreht wurde, wodurch die Farbe aufgrund der Schwerkraft leicht verlaufen ist.

In der Konfiguration mit Wirbelgenerator ist die Scherschicht deutlich schwächer ausgeprägt, vgl. Abbildung 6.11 b). Dies zeigt sich in den Anstrichbildern, da das Fluid relativ gleichmäßig über den gesamten Unterboden verteilt ist. An den Stromlinien direkt stromab der Wirbelgeneratoren ist zu sehen, dass sich Längswirbel ausbilden.

Nachdem die prinzipielle Wirkungsweise dieser Gegenmaßnahme bestätigt wurde, wird mithilfe der CFD-Simulation eine Variantenstudie durchgeführt. Hierbei werden unterschiedliche Größen des Wirbelgenerators untersucht. Insbesondere wird der Winkel α_{WG} und die Höhe h_{WG} des Wirbelgenerators sowie seine Ausrichtung gegenüber der x–Achse durch Änderung des Winkels β_{WG} variiert, vgl. Abbildung 6.1 b). Weitere Untersuchungen deuten darauf hin, dass ein Abstand in y–Richtung zwischen dem Wirbelgenerator und dem Radspoiler bei manchen Fahrzeugkonfigurationen vorteilhaft sein kann. Dieser könnte die freiere Anströmung des Wirbelgenerators begünstigen, was möglicherweise zu einer Intensivierung seiner Wirkung führt. Diese Maßnahme wird am realen Fahrzeug validiert.

6.2.3 Kombination der Maßnahmen

Beide Maßnahmen haben in separaten Betrachtungen gezeigt, dass sie das Aero-Wummern reduzieren können. Im Folgenden wird mittels CFD-Simulation untersucht, ob eine Kombination dieser Maßnahmen zu einer weiteren Reduktion der Druckfluktuationen führt. Hierbei wird das Fahrzeugmodell mit vereinfachten Rädern verwendet. Neben der Konfiguration mR und der Variante mit Wirbelgenerator bzw. Winkelprofil wird eine Variante mit einem Wirbelgenerator am vorderen Radspoiler in Kombination mit einem Winkelprofil am Fahrzeugunterboden analysiert. Das Winkelprofil ist an Störkörperposition 3, vgl. Abbildung 6.2, angebracht. Die in Abbildung 6.12 dargestellten Frequenzspektren am Referenzmikrofon zeigen, dass durch die Kombination der Maßnahmen eine weitere Reduktion der niederfrequenten Druckfluktuationen erzielt wird.

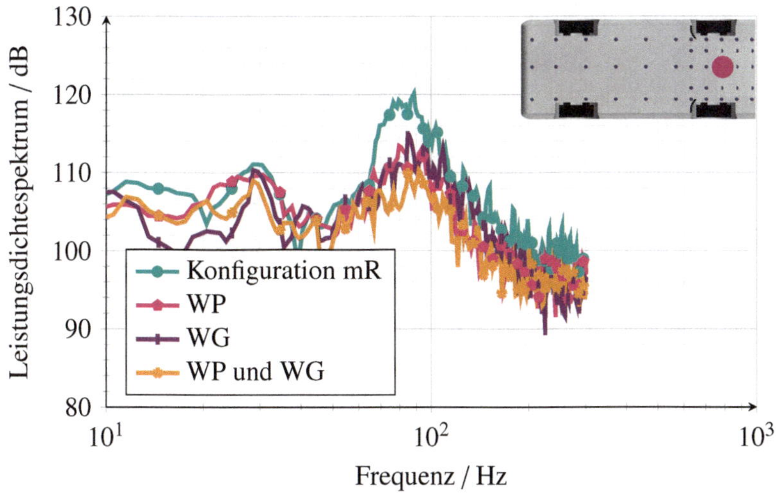

Abbildung 6.12: Vergleich der Frequenzspektren aus der CFD-Simulation an der Referenzmessstelle - Kombination der Gegenmaßnahmen WP und WG

Abbildung 6.13 zeigt die Dezibelkarte des Leistungsdichtespektrums um 80 Hz für die Variante mit Winkelprofile (WP) und Wirbelgeneratoren (WG). Die maximalen Druckfluktuationen treten im Bereich vor den vorderen Radspoilern auf. Folglich führen sowohl der WG als auch das WP zu einer lokalen Erhöhung der Druckfluktuationen. Da diese jedoch keinen Einfluss auf den Heckbereich des Fahrzeugs haben, besteht durch sie keine Gefahr einer Kopplung in den Innenraum.

Abbildung 6.14 zeigt den Gesamtschalldruckpegel der Variante mit WP und WG und bestätigt, dass auch die maximalen Druckfluktuationen über den gesamten Frequenzbereich stromauf der vorderen Radspoiler und stromab der Winkelprofile auftreten. Folglich gibt es keine für das Aero-Wummern relevanten Bereiche, die näher untersucht werden sollten. Zudem zeigt der Vergleich mit Abbildung 5.8, dass insbesondere im Heckbereich des Fahrzeugs die Druckfluktuationen deutlich geringer sind als bei der Konfiguration mR.

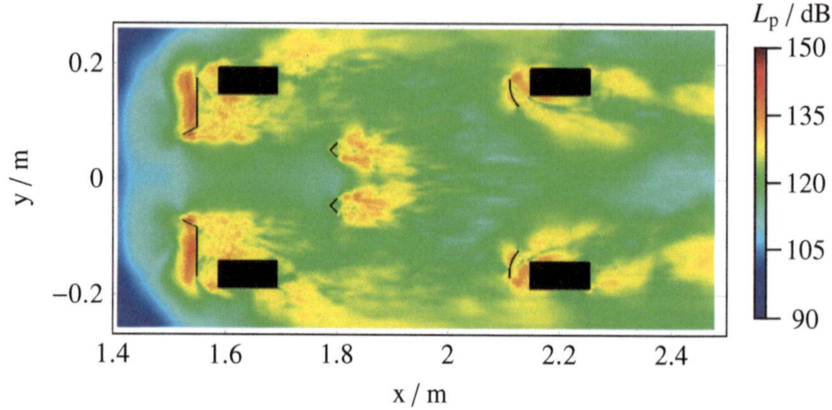

Abbildung 6.13: Dezibelkarte des Leistungsdichtespektrums um 80 Hz der simulierten Variante mit WP und WG - Auswerteebene: z = 25 mm

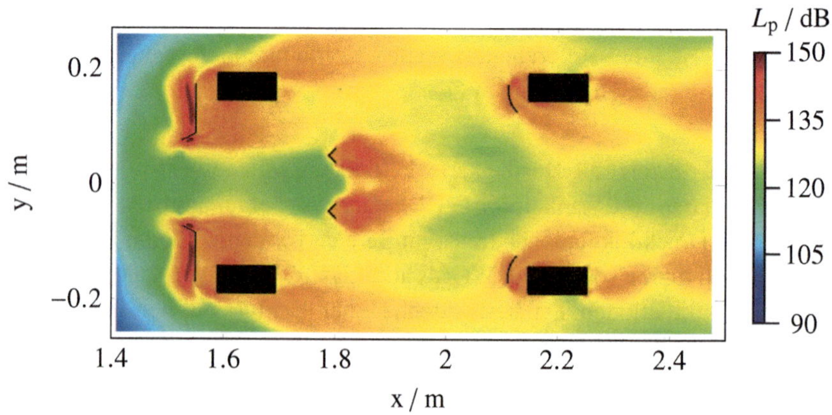

Abbildung 6.14: Dezibelkarte des Gesamtschalldruckpegels der simulierten Variante mit WP und WG - Auswerteebene: z = 25 mm

Abbildung 6.15 zeigt den Summenpegel des Frequenzbands von 50 – 100 Hz bei $x = 2,2$ m, entsprechend der Höhe der Hinterradachse, für die verschiedenen Gegenmaßnahmen. Anhand der Darstellung kann bestätigt werden, dass die Kombination der Gegenmaßnahmen nicht nur in einem einzelnen Referenzpunkt vorteilhaft ist, sondern dass diese Wirkung entlang der gesamten Fahrzeughinterradachse zutrifft. In der Fahrzeugmitte bei $y = 0$ sind die Druckschwankungen bei der Variante mit WP minimal geringer als bei der Variante mit WG. Im äußeren Fahrzeugbereich kehrt sich dieses Verhältnis um. Mit abnehmendem Abstand zu den Rädern nähern sich die Druckschwankungen der Variante mit WG den Werten der Variante mit WP und WG an. Bei $y = 0$ ist der positive Effekt der Kombination der Maßnahmen im Vergleich zu den einzelnen Maßnahmen am ausgeprägtesten.

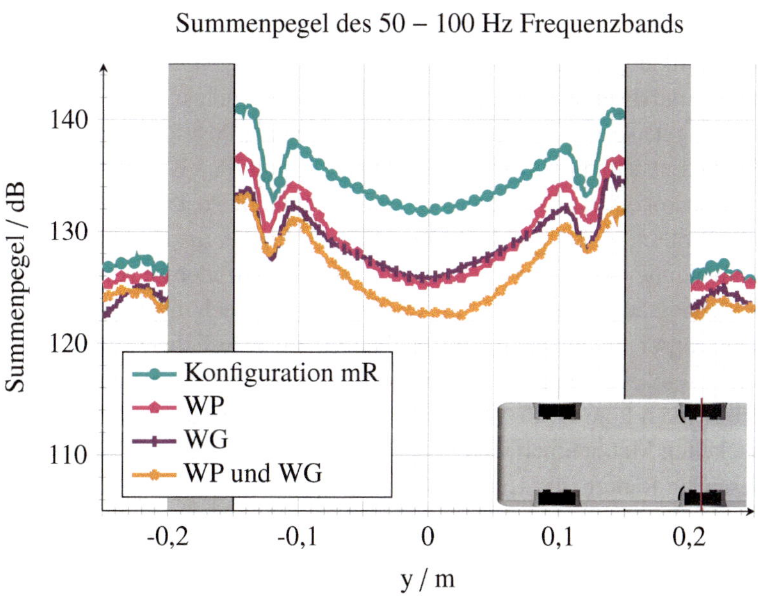

Abbildung 6.15: Summenpegel des 50 – 100 Hz Frequenzbands bei $x = 2,2$ m der verschiedenen Gegenmaßnahmen aus der CFD-Simulation - Auswerteebene: $z = 25$ mm

Eine weitere Möglichkeit besteht darin, anstelle des Winkelprofils einen zweiten Wirbelgenerator in der Scherschicht zu positionieren. Die Wirksamkeit dieser Maßnahme wird am realen Fahrzeug evaluiert.

6.3 Übertragung auf reale Fahrzeuge

Ziel dieser Arbeit ist die Entwicklung stabiler und robuster Maßnahmen, die unabhängig von der Fahrzeugkonfiguration wirken. Um die Wirksamkeit dieser Maßnahmen zu validieren, werden die am SAE-Körper entwickelten Gegenmaßnahmen auf ein reales Fahrzeug übertragen.

Im Vergleich zur Ausgangskonfiguration des Fahrzeugs führt sowohl das Öffnen der Kühlluftklappen als auch die Verwendung von Felgen mit einem geringeren Öffnungsgrad dazu, dass die Unterbodenströmung mehr in Richtung der Fahrzeugmitte gelenkt wird. Dadurch verschiebt sich die Position der Scherschicht, die für die Entstehung starker Druckfluktuationen relevant ist, vgl. Abschnitt 4.3. Die Wirksamkeit der Störkörper ist stark von deren Position abhängig. Idealerweise sollten sie sich in der Scherschicht befinden, die sich direkt stromab der Innenkante des Radspoilers und vor den Vorderrädern ausbildet. Mit der Verschiebung der Scherschicht ändert sich folglich auch die optimale Position der Störkörper. Daher kann eine Maßnahme für eine Fahrzeugkonfiguration wirksam sein, während sie bei einer anderen Konfiguration keine Verbesserung bewirken könnte. Zur Bewertung der Robustheit der in diesem Kapitel entwickelten Maßnahmen werden verschiedene Fahrzeugkonfigurationen mit variierenden Rädern und Kühlluftklappen untersucht.

Es wird eine Limousine verwendet, bei der durch entsprechende Modifikationen, wie beispielsweise die Anpassung der Radspoiler und Räder, ein Zustand geschaffen wird, in dem das Aero-Wummern zu erwarten ist. Hierfür kommen Prototypenradspoiler zum Einsatz, und es werden 21-Zoll-Räder mit einem hohen Felgenöffnungsgrad montiert. Die Fahrzeugstandhöhe beträgt ca. $z = 105$ mm. Die Messungen erfolgen mit geöffneten Kühlluftklappen, da hier höhere Druckfluktuationen zu erwarten sind [7]. Zudem wird mit bewegtem

Boden und drehenden Rädern gemessen, um die reale Straßenfahrt bestmöglich abzubilden und die Aerodynamik zuverlässig bewerten zu können.

Die Höhe der Druckfluktuationen wird, analog zum SAE-Körper, mit drei Oberflächenmikrofonen entlang der Hinterradachse am Fahrzeugunterboden erfasst. Zur Bewertung der Akustik im Fahrzeuginnenraum werden Kunstköpfe eingesetzt. Da die Druckfluktuationen nur bei eingeschalteter Klimaanlage auf AC-Frischluft in den Innenraum koppeln, wird diese Einstellung verwendet. [7]

Die Untersuchungen am SAE-Körper haben gezeigt, dass Wirbelgeneratoren effektive Maßnahmen sind und dass die Gegenmaßnahmen kombiniert werden können. Aus diesem Grund wird eine Variantenstudie durchgeführt, bei der unterschiedliche Wirbelgeneratoren am Radspoiler und zusätzlich in der Scherschicht platziert werden. Ähnlich wie beim SAE-Körper werden die Größe der Wirbelgeneratoren und deren Ausrichtung gegenüber der $x-$Achse variiert. Abbildung 6.16 stellt einige der untersuchten Varianten dar. Darüber hinaus wird untersucht, ob ein Abstand in $y-$Richtung zwischen dem Wirbelgenerator und dem Radspoiler zu einer weiteren Reduktion der Druckfluktuationen führt. In einigen Konfigurationen zeigt sich dabei ein positiver Effekt, dies kann jedoch nicht allgemein gültig bestätigt werden.

In Abbildung 6.17 sind die Frequenzspektren einiger der untersuchten Varianten dargestellt. Das obere Spektrum zeigt die Ergebnisse für das Oberflächenmikrofon, das sich in der Diffusormitte befindet. Das untere Diagramm zeigt die Ergebnisse der Innenraummessung, wobei als Referenz das rechte Ohr des Fahrers verwendet wird.

Die Messungen belegen, dass die Maßnahmen auch am realen Fahrzeug wirksam sind. Durch den Einsatz eines Wirbelgenerators am vorderen Radspoiler wird das Aero-Wummern bereits reduziert. Der zweite Wirbelgenerator in der Scherschicht, vgl. Abbildungen 6.16 b) und c), führt zu einer weiteren Reduktion der niederfrequenten Fluktuationen.

Besonders deutlich wird dieses Ergebnis im Fahrzeuginnenraum. In dem für das Aero-Wummern relevanten Frequenzbereich von 10 bis 50 Hz ist eine deutliche Abflachung des Kurvenverlaufs zu erkennen. Die Kombination aus zwei Wirbelgeneratoren unterdrückt das Aero-Wummern vollständig. Zusätzliche

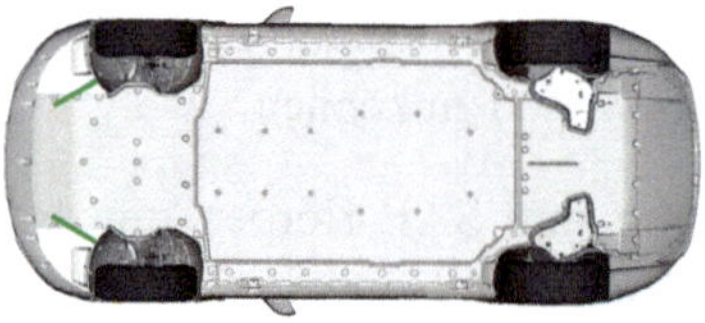

a)

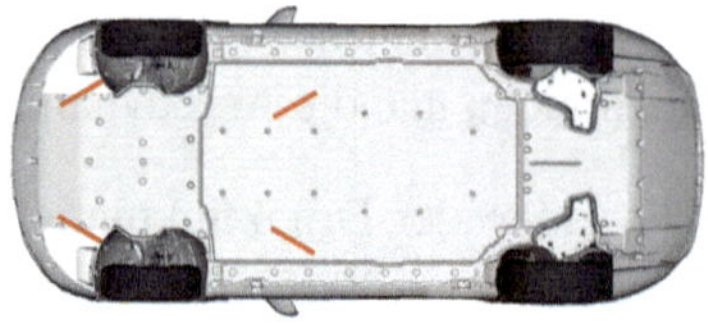

b)

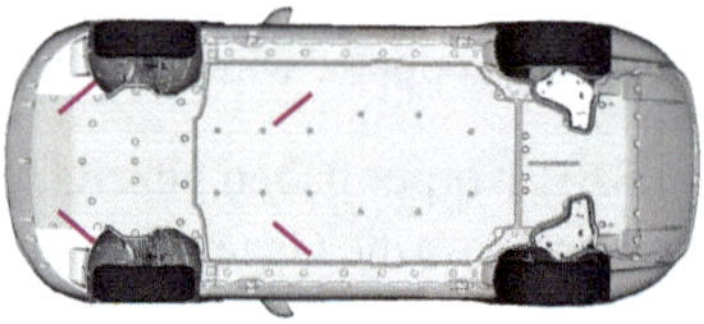

c)

Abbildung 6.16: Fahrzeugunterboden mit Positionen der Wirbelgeneratoren für die Konfiguration mit 1 WG und Spalt a), 2 WGen mit $\beta_{\mathrm{WG}} = 120°$ und Spalt b) und 2 WGen mit $\beta_{\mathrm{WG}} = 130°$ und Spalt c)

Messungen derselben Konfigurationen bei 200 km/h bestätigen die Wirksamkeit der Maßnahmen unabhängig von der Fahrzeuggeschwindigkeit.

Einen signifikanten Einfluss auf das Aero-Wummern haben die Räder, insbesondere der Öffnungsgrad der Felgen. Zur Überprüfung der Robustheit der Maßnahmen werden die Räder durch 19-Zoll-Räder mit relativ geschlossenen Felgen ersetzt, und die Wirksamkeit der zwei Wirbelgeneratoren bei einem Winkel von $\beta_{\mathrm{WG}} = 120°$ wird untersucht. Die Frequenzspektren der Messungen am Unterboden sowie im Innenraum sind in Abbildung 6.18 dargestellt; vor allem letztere zeigen, dass das Aero-Wummern auch in diesem Fall verhindert werden kann. Weitere Messungen mit geschlossenen Kühlluftklappen bestätigen zusätzlich die Robustheit der vorgestellten Maßnahme.

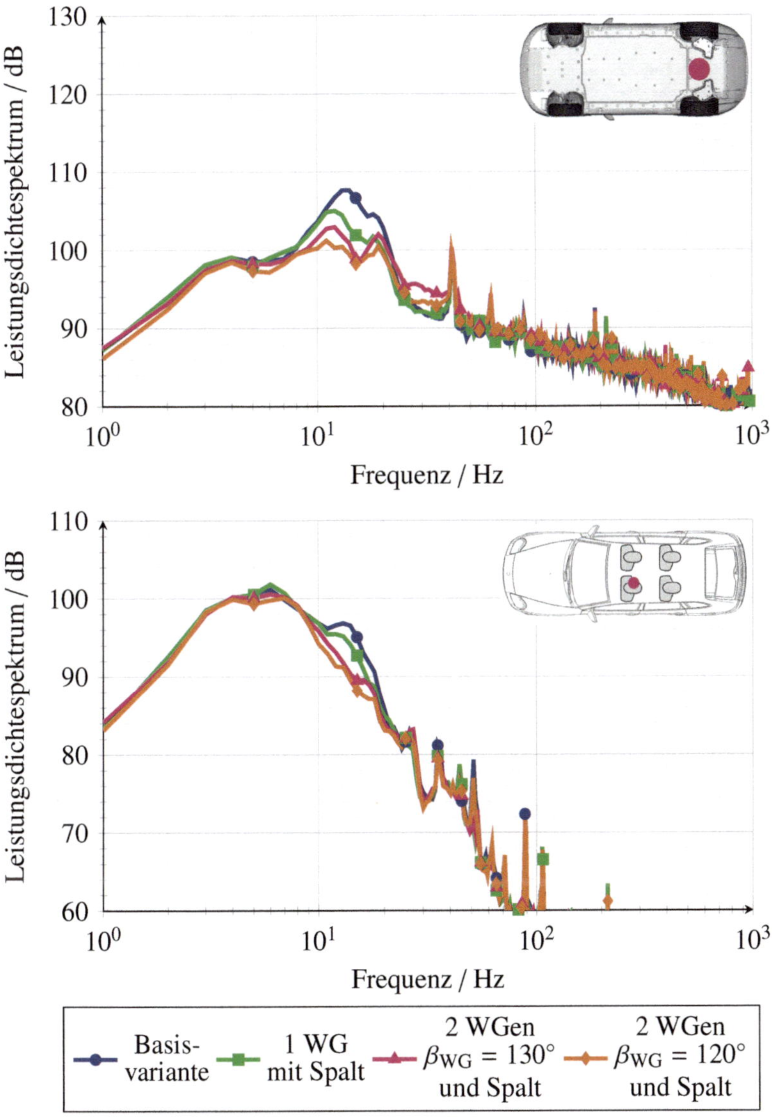

Abbildung 6.17: Vergleich der Frequenzspektren verschiedener Wirbelgeneratorvarianten bei 140 km/h am Unterboden (oben) und im Innenraum (unten) - Konfiguration mit 21-Zoll-Rädern

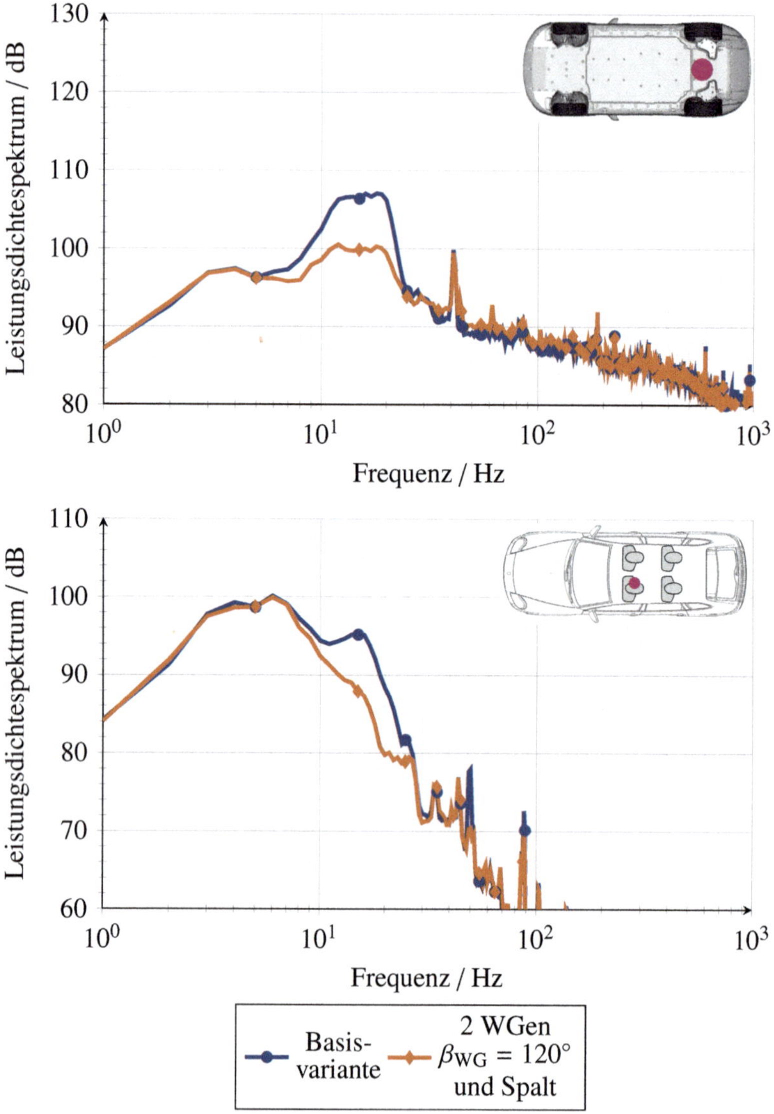

Abbildung 6.18: Vergleich der Frequenzspektren verschiedener Wirbelgeneratorvarianten bei 140 km/h am Unterboden (oben) und im Innenraum (unten) - Konfiguration mit 19-Zoll-Rädern

Im Folgenden wird der Einfluss der Wirbelgeneratoren auf die Aerodynamik des Fahrzeugs betrachtet. Dazu werden der Widerstandsbeiwert sowie der Vorder- und Hinterachsauftrieb analysiert. Tabelle 6.1 gibt eine Übersicht über den Einfluss auf die aerodynamischen Beiwerte der unterschiedlichen Maßnahmen bei der Konfiguration mit 21-Zoll-Rädern. Als Referenz dient die Basisvariante.

Tabelle 6.1: Deltas der Widerstands- und Auftriebsbeiwerte der verschiedenen untersuchten Gegenmaßnahmen - Fahrzeugkonfiguration mit 21-Zoll-Räder

Maßnahme	Geschwindigkeit km/h	Widerstandsbeiwert Δc_{w}/[1/1000]	Auftriebsbeiwert Vorderachse $\Delta c_{\mathrm{a\,VA}}$/[1/1000]	Auftriebsbeiwert Hinterachse $\Delta c_{\mathrm{a\,HA}}$/[1/1000]
1 WG	140	$+4,2$	-17	$+10$
	200	$+2,1$	-16	$+6$
2 WG und 120°	140	$+5,6$	-26	$+13$
	200	$+3,4$	-25	$+11$
2 WG und 130°	140	$+6,3$	-9	$+13$
	200	$+3,7$	-10	$+11$

Wie erwartet erhöhen die Wirbelgeneratoren am Unterboden den Widerstand des Fahrzeugs. Die Ursache hierfür liegt darin, dass die angebrachten Geometrien in die Strömung hineinragen und diese behindern. Je größer die projizierte Fläche des Wirbelgenerators senkrecht zur Anströmung ist, desto ausgeprägter ist die Zunahme des Widerstands. Daher erweist sich der Wirbelgenerator mit einem Winkel von $\beta_{\mathrm{WG}} = 120°$ nicht nur aus akustischer, sondern auch aus aerodynamischer Sicht als deutlich vorteilhafter gegenüber dem Wirbelgenerator mit $\beta_{\mathrm{WG}} = 130°$. Bei der Verwendung von zwei statt einem Wirbelgenerator ist die Widerstandserhöhung jedoch nicht doppelt so hoch, da sich der zweite Wirbelgenerator im Nachlauf des ersten befindet.

Die Zunahme des Widerstandsbeiwerts ist bei 140 km/h deutlich höher als bei 200 km/h. Die Messungen zeigen, dass im Geschwindigkeitsbereich um 140 km/h selbst kleine Änderungen einen besonders starken Einfluss auf die aerodynamischen Beiwerte haben. Bei Ermittlung von Verbrauchswerten nach dem Worldwide Harmonized Light-Duty Vehicles Test Procedure (WLTP) ist dieser Geschwindigkeitsbereich besonders wichtig.

Der Trend des Einflusses der Wirbelgeneratoren auf die Auftriebsbeiwerte ist für alle untersuchten Konfigurationen konsistent und nahezu unabhängig von der Fahrzeuggeschwindigkeit. Die Wirbelgeneratoren führen zu einer Reduktion des Vorderachsauftriebs und einer Erhöhung des Hinterachsauftriebs. Vor dem Wirbelgenerator staut sich die Luft, was zur Entstehung eines Überdruckgebiets führt, während hinter dem Wirbelgenerator ein Unterdruckgebiet entsteht. Mithilfe der CFD-Simulation wird der statische Druck in der Auswerteebene analysiert. Hierbei zeigt sich, dass das Unterdruckgebiet ausgeprägter ist als das Überdruckgebiet, was zur Reduktion des Vorderachsauftriebs führt. Zudem wird vermutet, dass der Längswirbel des Wirbelgenerators die Scherschicht vom Radspoiler so beeinflusst, dass seine Auftriebswirkung verringert wird.

In Tabelle 6.2 sind die Deltas der aerodynamischen Beiwerte für die Fahrzeugkonfiguration mit Wirbelgeneratoren und 19-Zoll-Rädern aufgeführt. Die Werte beziehen sich erneut auf die Basisvariante. Es werden dieselben Trends festgestellt: Die Wirbelgeneratoren erhöhen den Widerstandsbeiwert und den Hinterachsauftrieb, während der Vorderachsauftrieb reduziert wird. Der Einfluss auf den Widerstand und den Vorderachsauftrieb ist bei geschlossenen Kühlluftklappen noch ausgeprägter, wie die Messung bei 140 km/h zeigt.

Tabelle 6.2: Deltas der Widerstands- und Auftriebsbeiwerte der Konfiguration mit 2 Wirbelgeneratoren mit $\beta_{\mathrm{WG}} = 120°$ - Fahrzeugkonfiguration mit 19-Zoll-Räder

Geschwindigkeit km/h	Kühlluftklappe	Widerstandsbeiwert Δc_{w}/[1/1000]	Auftriebsbeiwert Vorderachse $\Delta c_{\mathrm{a\,VA}}$/[1/1000]	Auftriebsbeiwert Hinterachse $\Delta c_{\mathrm{a\,HA}}$/[1/1000]
140	zu	+7,7	−18	+11
140	offen	+6,0	−15	+17
200	offen	+5,0	−14	+13

Des Weiteren werden die Absolutwerte des Widerstands der Varianten mit unterschiedlichen Rädern und Kühlluftklappenstellungen analysiert. Hierbei zeigt sich, dass das Delta des Widerstandsbeiwerts umso größer ist, je geringer der Widerstandsbeiwert des Ausgangszustands ist. Befindet sich das Fahrzeug also in einem aerodynamisch optimierten Zustand, ist der negative Einfluss der Wirbelgeneratoren ausgeprägter.

6.4 Weiterführende Überlegungen

Die Messungen zeigen, dass die Zunahme des Widerstandsbeiwerts bei 140 km/h deutlich höher ist als bei 200 km/h, vgl. Tabelle 6.1. Im Gegensatz dazu nehmen die Druckfluktuationen mit steigender Geschwindigkeit zu. Folglich wird der negative aerodynamische Effekt der Wirbelgeneratoren mit zunehmender Geschwindigkeit kleiner, während die Notwendigkeit einer akustischen Gegenmaßnahme zunimmt. Daher wäre es sinnvoll, die Wirbelgeneratoren am Fahrzeug adaptiv auszuführen. Hierbei sind verschiedene Ansätze denkbar. Die Wirbelgeneratoren könnten so konzipiert werden, dass sie in z–Richung ein- und ausgefahren werden können. Alternativ wäre es möglich, sie bei hohen Geschwindigkeiten auf den Unterboden zu klappen oder um die z-Achse auf den Radspoiler zu drehen.

7 Schlussfolgerungen

Die vorliegende Arbeit ist motiviert durch tieffrequente Pulsationen, die am Fahrzeugunterboden von batterieelektrischen Fahrzeug-Prototypen im Frequenzbereich unter 20 Hz beobachtet wurden. Diese Pulsationen werden über den Luftweg der Zwangsentlüftung im Heckbereich in den Fahrzeuginnenraum übertragen und führen dort zu unangenehmen Druckschwankungen, die den Komfort der Passagiere beeinträchtigen. Das tieffrequente Strömungsphänomen wird als Aero-Wummern bezeichnet.

Trotz umfangreicher Untersuchungen ist der genaue Mechanismus, der den tieffrequenten Druckfluktuationen zugrunde liegt, bislang unbekannt. Eine Reduktion des Aero-Wummerns erfolgt daher derzeit meist auf Kosten der aerodynamischen Leistungsfähigkeit des Fahrzeugs. Ziel dieser Arbeit ist es, den Entstehungsmechanismus des Aero-Wummerns zu identifizieren. Dieses Verständnis wird anschließend genutzt, um robuste Gegenmaßnahmen zu entwickeln, die das Phänomen verhindern. Darüber hinaus wird ein CFD-Simulationssetup aufgebaut und ein Bewertungsschema entwickelt, das eine frühzeitige Beurteilung des Aero-Wummerns bei zukünftigen Fahrzeugentwicklungen ermöglicht.

Um die genaue Ursache des Aero-Wummerns zu identifizieren und den Entstehungsmechanismus zu verstehen, wird das Phänomen zunächst auf ein generisches Fahrzeugmodell übertragen. Dies ermöglicht eine isolierte Untersuchung des Strömungsphänomens, unabhängig von einem spezifischen Fahrzeugmodell. Hierfür wird ein SAE-Körper mit glattem Unterboden verwendet, dessen Geometrie durch Anbauteile am Unterboden so modifiziert wird, dass das Aero-Wummern auftritt.

Aus vorherigen Untersuchungen ist bekannt, dass die vorderen Radspoiler eine entscheidende Rolle bei der Entstehung des Aero-Wummerns spielen [7]. Aus diesem Grund wird deren Umströmung in einem ersten Schritt näher betrachtet. Im einfachsten Fall kann der Radspoiler als eine senkrecht angeströmte ebene Platte betrachtet werden, die auf einer großen Grundplatte steht. Zu deren Umströmung finden sich in der Literatur zahlreiche Untersuchungen [18]. Die

L. Breitenbücher, *Analyse, Prognose und Vermeidung von strömungsinduzierten niederfrequenten Pulsationen am Unterboden von Fahrzeugen*, Wissenschaftliche Reihe Fahrzeugtechnik Universität Stuttgart, https://doi.org/10.1007/978-3-658-52996-3_7

Strömung löst an den drei freien Seitenkanten ab, wodurch Scherschichten entstehen, vgl. Abbildung 4.22. Die Scherschichten der beiden vertikalen Seitenkanten der Platte treten in Wechselwirkung, und durch die periodisch und alternierende Ablösung von Wirbeln bildet sich eine Kármánsche Wirbelstraße. Diese ist letztlich die Ursache für die ausgeprägte Periodizität in der Strömung. Durch die Strömungsablösung an der Unterkante des Radspoilers entsteht ein Dachwirbel, der die Kármánsche Wirbelstraße, ähnlich wie von Hahn in [65] beschrieben, schwächt. Der Abstand zwischen den Rädern und den Radspoilern am Unterboden ist gering, weshalb Interferenzeffekte zwischen diesen nicht vernachlässigt werden dürfen. Insbesondere befinden sich die Anbaugeometrien im Heckbereich im Bereich der Nachlaufwechselwirkung der vorderen Geometrien, was zu einer Erhöhung der Druckfluktuationen führen kann.

PIV-Messungen werden durchgeführt, um die Strömungsverhältnisse am Unterboden detailliert zu untersuchen. Dabei werden zwei Fahrzeugkonfigurationen miteinander verglichen. Eine Konfiguration besitzt vordere Radspoiler. Bei dieser tritt das Aero-Wummern auf. Die andere Konfiguration besitzt keine vorderen Radspoiler und das Strömungsphänomen ist nicht vorhanden. Die PIV-Messungen liefern die zweidimensionalen, transienten Geschwindigkeiten in einer horizontale Ebene zwischen Fahrzeug und Windkanalboden. Zunächst werden Abbildungen der mittleren Geschwindigkeiten sowie der Geschwindigkeitsfluktuationen betrachtet. Letztere weisen bereits auf ausgeprägte Wirbelstrukturen im Fall der Konfiguration mit vorderen Radspoilern hin.

Die Ω-Methode, ein Verfahren zur Wirbelidentifikation, wird verwendet, um die Wirbel zu visualisieren. Die Auswertungen zeigen, dass bei der Konfiguration mit vorderem Radspoiler insbesondere an der von der Radspoilerinnenkante ausgehenden Scherschicht Wirbel entstehen. Im Diffusorbereich ist das gesamte Strömungsfeld des Fahrzeugs von Wirbelstrukturen dominiert. Im Gegensatz dazu entstehen bei der Konfiguration ohne vordere Radspoiler kaum Wirbel.

Die SPOD-Methode wird eingesetzt, um die frequenzabhängigen, kohärenten Strukturen in der Strömung zu identifizieren. Die SPOD-Spektren der Geschwindigkeitsdaten weisen Maxima bei denselben Frequenzen auf wie die Druckdaten der Oberflächenmikrofone. Es wird deutlich, dass im vorderen Fahrzeugbereich nahezu die gesamte Energie der Strömung in der ersten Strömungsmode und im Heckbereich in den ersten beiden Strömungsmoden konzentriert ist. Folglich existieren ein bzw. zwei physikalische Mechanismen, die die Strömung dominieren. Aus den Darstellungen der einzelnen Moden bei den entsprechenden Frequenzen wird ersichtlich, dass die Strömungsablösung an den vorderen Radspoilern die Ursache für die energiereichen kohärenten Strukturen in der Strömung ist. Auch an den hinteren Anbaukomponenten kommt es zur Strömungsablösung, die aufgrund der dominanten Frequenz in der Strömung bei derselben Frequenz ausgelöst wird. Die Überlagerung der Ablösungen aus dem Front- und Heckbereich, in Verbindung mit der Nachlaufwechselwirkung führt schließlich zu einer weiteren Erhöhung der Druckfluktuationen.

Anschließend wird ein CFD-Simulationsprozess entwickelt, um das Aero-Wummern zukünftig mittels CFD-Simulation zu bewerten. Die Simulationsergebnisse werden anhand der Windkanalergebnisse validiert und bestätigen, dass das Aero-Wummern durch die CFD-Simulation zuverlässig abgebildet werden kann. Anschließend wird ein Bewertungsschema vorgestellt, das es ermöglicht, Fahrzeugkonfigurationen hinsichtlich des Aero-Wummerns zu bewerten. Hierbei werden neben den Frequenzspektren auch Dezibelkarten sowie der Summenpegel im relevanten Frequenzbereich betrachtet. Diese Ergebnisse können mit anderen Fahrzeugkonfigurationen, insbesondere den beiden Basiskonfigurationen, verglichen werden.

Die Entwicklung von Gegenmaßnahmen basiert auf zwei unterschiedlichen Ansätzen. Zum einen werden Störkörper in Form von Winkelprofilen am Fahrzeugunterboden montiert, um die Entstehung der von den vorderen Radspoilern ausgehenden Kármánschen Wirbelstraßen zu behindern. Zum anderen werden Wirbelgeneratoren in der Nähe des vorderen Radspoilers angebracht, die einen Längswirbel in Hauptströmungsrichtung erzeugen. Dadurch soll die Entwicklung der Scherschicht, die von der Radspoilerinnenkante ausgeht, beeinflusst werden. Die Wirksamkeit beider Gegenmaßnahmen wird durch Windkanalexperimente und CFD-Simulationen bestätigt. Darüber hinaus zeigt sich, dass die beiden Maßnahmen kombinierbar sind und die tieffrequenten Druckfluktuationen dadurch weiter reduziert werden können.

Schließlich werden die Gegenmaßnahmen auf ein reales Fahrzeug übertragen. Untersucht werden sowohl Konfigurationen mit einem einzelnen Wirbelgenerator als auch solche, bei denen ein zusätzlicher Wirbelgenerator in der Scherschicht positioniert wird. Mikrofonmessungen am Fahrzeugunterboden sowie Messungen mit Kunstköpfen im Innenraum bestätigen die Wirksamkeit der Gegenmaßnahmen am realen Fahrzeug. Die Messungen erfolgen bei rotierenden Rädern, was eine realistische Bewertung der aerodynamischen Beiwerte ermöglicht. Die Robustheit der obengenannten Gegenmaßnahmen wird durch die Variation der Geschwindigkeit, der Stellung der Kühlluftklappen und der Räder bestätigt.

Die Ergebnisse dieser Arbeit belegen, dass Ablösungen an den vorderen Radspoilern die Hauptursache für das Aero-Wummern darstellen. Zudem wurde der bislang unbekannte Mechanismus dieses Phänomens identifiziert und umfassend erläutert. Darüber hinaus wurde gezeigt, dass gezielt platzierte Störkörper und Wirbelgeneratoren als effektive und zuverlässige Maßnahmen zur Vermeidung des Aero-Wummerns fungieren. Die akustischen Messungen zeigen, dass die Gegenmaßnahmen insbesondere bei hohen Geschwindigkeiten erforderlich sind. In diesem Geschwindigkeitsbereich ist der Einfluss auf die aerodynamischen Beiwerte geringer als bei niedrigeren Geschwindigkeiten. Die Messungen am Realfahrzeug verdeutlichen zudem, dass die zusätzlichen Anbauteile am Unterboden zu einer leichten Erhöhung des Luftwiderstands sowie zu einer Reduktion des Vorderachsauftriebs führen. Aus diesem Grund wird empfohlen, die Gegenmaßnahmen adaptiv zu gestalten. Darüber hinaus könnten adaptive Wirbelgeneratoren potenziell zur Einstellung der Auftriebsbalance eingesetzt werden.

Literaturverzeichnis

[1] M Helfer. "Umströmungsgeräusche". In: *Hucho Aerodynamik des Automobils: Strömungsmechanik, Wärmetechnik, Fahrdynamik, Komfort*. München: Springer Vieweg, 2013, S. 523–550.

[2] Bernd Crouse u. a. *Analysis of underbody windnoise sources on a production vehicle using a Lattice Boltzmann scheme*. Techn. Ber. SAE Technical Paper, 2007.

[3] Thomas Schütz. "Hucho-Aerodynamik des Automobils: Strömungsmechanik, Wärmetechnik, Fahrdynamik, Komfort". In: Springer Vieweg, 2013. ISBN: 978-3-8348-1919-2.

[4] Yiping Wang u. a. "Numerical investigation on the contribution of underbody flow-induced noise on vehicle interior noise". In: *Proceedings of the Institution of Mechanical Engineers, Part D: Journal of Automobile Engineering* 235.10-11 (2021), S. 2667–2678.

[5] Benedikt Staudenmayer. "Analyse der tieffrequenten Strömungsphänomene bei Fahrzeugen mit geschlossenem Unterboden". Master's thesis. Universität Stuttgart, 2021.

[6] Laura Breitenbücher. "Untersuchung von tieffrequenten Strömungsresonanzen am Fahrzeug-Unterboden". Master's thesis. Universität Stuttgart, 2022.

[7] Christian Weber. "Aufbau einer aeroakustischen Simulationsmethode zur Bewertung der Fahrzeug-Unterbodenströmung". Master's thesis. Universität Stuttgart, 2018.

[8] Hermann Schlichting und Klaus Gersten. *Grenzschichttheorie*. Springer-Verlag, 2006. ISBN: 978-3-540-23004-5.

[9] John David Anderson Jr. *Fundamentals of aerodynamics*. 6. Auflage. Tata McGraw-Hill Education, 2016. ISBN: 978-1-259-12991-9.

[10] Wolf-Heinrich Hucho. *Aerodynamik des Automobils: Strömungsmechanik, Wärmetechnik, Fahrdynamik, Komfort*. 5. Auflage. Springer-Verlag, 2005. ISBN: 978-3-663-09218-6.

L. Breitenbücher, *Analyse, Prognose und Vermeidung von strömungsinduzierten niederfrequenten Pulsationen am Unterboden von Fahrzeugen*, Wissenschaftliche Reihe Fahrzeugtechnik Universität Stuttgart, https://doi.org/10.1007/978-3-658-52996-3

[11] Alfred Leder. *Abgelöste Strömungen: physikalische Grundlagen*. Springer, 1992. ISBN: 978-3-528-06436-5.

[12] Erich A Truckenbrodt. *Fluidmechanik: Band 2: Elementare Strömungsvorgänge dichteveränderlicher Fluide sowie Potential-und Grenzschichtströmungen*. Springer-Verlag, 2008.

[13] Leopold Böswirth und Sabine Bschorer. *Technische Strömungslehre*. Bd. 10. Springer, 2012.

[14] Emir Öngüner. *Fahrzeugaerodynamik unter Seitenwind: Einfluss der Karosserieparameter unterschiedlicher Fahrzeugkonzepte bei kleinen Schräganströmwinkeln*. Cuvillier Verlag, 2019.

[15] Ioannis Dimitriou und Sven Klussmann. *Aerodynamic forces of exposed and enclosed rotating wheels as an example of the synergy in the development of racing and passenger cars*. Techn. Ber. SAE Technical Paper, 2006.

[16] A. Wäschle. "Analyse von aerodynamisch relevanten Bereichen im vorderen Radhaus bei Straßenfahrt". In: *Haus der Technik* (2007).

[17] Michael Winkler. "Experimentelle Untersuchung aeroakustischer und strukturdynamischer Effekte an einer Zylinder/Platte-Konfiguration". Diss. Berlin, Technische Universtität Berlin, Diss., 2012, 2013.

[18] Wolf-Heinrich Hucho. *Aerodynamik der stumpfen Körper: Physikalische Grundlagen und Anwendungen in der Praxis*. 2. Auflage. Springer-Verlag, 2011. ISBN: 978-3-8348-1462-3.

[19] Hajime Fujita. "The characteristics of the Aeolian tone radiated from two-dimensional cylinders". In: *Fluid dynamics research* 42.1 (2010), S. 015002.

[20] H Oertel. "Prandtl-Führer durch die Strömungslehre". In: *Vieweg, Braunschweig/Wiesbaden* (2002).

[21] René Spieweg. "Beschreibung dreidimensionaler Kohärenter Strukturen in turbulenten Scherschichten mit schräger Abströmkante". In: (2002).

[22] MM Zdravkovich. "Flow induced oscillations of two interfering circular cylinders". In: *Journal of Sound and Vibration* 101.4 (1985), S. 511–521.

[23] Zhifu Gu. “On interference between two circular cylinders at supercritical Reynolds number”. In: *Journal of Wind Engineering and Industrial Aerodynamics* 62.2-3 (1996), S. 175–190.

[24] Zhifu Gu. “On interference between two circular cylinders at supercritical Reynolds number”. In: *Journal of Wind Engineering and Industrial Aerodynamics* 62.2-3 (1996), S. 175–190.

[25] Yu Zhou und Md Mahbub Alam. “Wake of two interacting circular cylinders: A review”. In: *International Journal of Heat and Fluid Flow* 62.Part B (2016), S. 510–537.

[26] Marco Raiola, Andrea Ianiro und Stefano Discetti. “Wake of tandem cylinders near a wall”. In: *Experimental Thermal and Fluid Science* 78 (2016), S. 354–369.

[27] David Lockard u. a. “Tandem cylinder noise predictions”. In: *13th AIAA/-CEAS Aeroacoustics Conference (28th AIAA Aeroacoustics Conference)*, S. 3450.

[28] Md Mahbub Alam, Y Zhou und XW Wang. “The wake of two side-by-side square cylinders”. In: *Journal of Fluid Mechanics* 669 (2011), S. 432–471.

[29] Franz Durst. *Grundlagen der Strömungsmechanik: eine Einführung in die Theorie der Strömung von Fluiden*. Springer-Verlag, 2007.

[30] Th Wagner und Igor Horvat MScEng. “Experimentelle und numerische Untersuchung zur Strömungsakustik der Staulippe eines 3er BMWs”. Diss. Master Thesis, Fachhochschule Düsseldorf, 2008.

[31] Emil Ringwall. “Aeroacoustic sound sources around the wheels of a passenger car-A Computational Fluid Dynamics study using steady state models to evaluate main sources of flow noise”. In: (2017).

[32] Nicholas Oettle und David Sims-Williams. “Automotive aeroacoustics: An overview”. In: *Proceedings of the Institution of Mechanical Engineers, Part D: Journal of Automobile Engineering* 231.9 (2017), S. 1177–1189.

[33] Liyuan Zhong u. a. "Aerodynamic noise prediction of passenger vehicle with hybrid detached eddy simulation/acoustic perturbation equation method". In: *Proceedings of the Institution of Mechanical Engineers, Part D: Journal of Automobile Engineering* 233.10 (2019), S. 2390–2404.

[34] Peter Zeller u. a. *Handbuch Fahrzeugakustik*. Bd. 2. Springer, 2012. ISBN: 978-3-8348-1443-2.

[35] Fabian Evert und Hans Miehling. "Active suppression of buffeting at the Audi AAWT: Operational experiences and enhancements of the control scheme". In: *SAE transactions* (2004), S. 419–430.

[36] Herbert Bernstein. *Elektroakustik: Mikrofone, Klangstufen, Verstärker, Filterschaltungen und Lautsprecher*. 2. Auflage. Springer-Verlag, 2019. ISBN: 978-3-658-25173-4.

[37] Markus Raffel u. a. *Particle image velocimetry: a practical guide*. springer, 2018.

[38] M. Brede und A. Leder. "Instabilität der abgelösten Scherschicht im Zylindernachlauf: Ergebnisse aus 3D LDA und TR-PIV Messungen im Vergleich". In: ().

[39] Erich A Truckenbrodt. *Fluidmechanik: Band 2: Elementare Strömungsvorgänge dichteveränderlicher Fluide sowie Potential-und Grenzschichtströmungen*. Springer-Verlag, 2008.

[40] ChaoQun Liu u. a. "New omega vortex identification method". In: *Science China Physics, Mechanics & Astronomy* 59 (2016), S. 1–9.

[41] Yinlin Dong, Yonghua Yan und Chaoqun Liu. "New visualization method for vortex structure in turbulence by lambda2 and vortex filaments". In: *Applied Mathematical Modelling* 40.1 (2016), S. 500–509.

[42] Yinlin Dong, Yong Yang und Chaoqun Liu. "DNS study on three vortex identification methods". In: *55th AIAA Aerospace Sciences Meeting*. 2017, S. 0137.

[43] Laura Breitenbücher u. a. "Identification of the Mechanism of Low Frequency Pressure Fluctuations Using Vortex Identification Methods". In: *30th AIAA/CEAS Aeroacoustics Conference (2024)*. 2024, S. 3165.

[44] Yu-ning Zhang u. a. "A selected review of vortex identification methods with applications". In: *Journal of Hydrodynamics* 30 (2018), S. 767–779.

[45] Laurens Van Der Maaten, Eric O Postma, H Jaap Van Den Herik u. a. "Dimensionality reduction: A comparative review". In: *Journal of machine learning research* 10.66-71 (2009), S. 13.

[46] Oliver T Schmidt und Tim Colonius. "Guide to spectral proper orthogonal decomposition". In: *Aiaa journal* 58.3 (2020), S. 1023–1033.

[47] Oliver T Schmidt. "Spectral proper orthogonal decomposition using multitaper estimates". In: *Theoretical and computational fluid dynamics* 36.5 (2022), S. 741–754.

[48] FKFS. *Modellwindkanal*. am: 17.04.2025. URL: `https://www.fkfs.de/pruefeinrichtungen/windkanaele/modellwindkanal`.

[49] Alexander Link. *Analyse, Messung und Optimierung des aerodynamischen Ventilationswiderstands von Pkw-Rädern*. Springer, 2018.

[50] Jochen Wiedemann. *Progress in Vehicle Aerodynamics and Thermal Management: 11th FKFS Conference, Stuttgart, September 26-27, 2017*. Springer, 2017.

[51] Malte Radmann und Dirk Lappe. "Frischer Wind". In: *Porsche Engineering Magazin* (2015).

[52] Brüel & Kjær. *Product Data Automotive Surface Microphones ó Types 4949 and 4949 B*.

[53] Ivan Joksimovic u. a. "Identification of coherent structures in the wake of a rotating wheel using high-speed PIV measurements and the spectral POD method". In: ().

[54] Hatim Ennayar, Philipp Brockmann und Jeanette Hussong. "LIF-based quantification of the species transport during droplet impact onto thin liquid films: Species transport during droplet impact onto thin liquid films". In: *Experiments in Fluids* 64.9 (2023), S. 148.

[55] Philipp Brockmann u. a. "Microparticle sorting in microfluidic Taylor–Couette flows". In: *Physics of Fluids* 36.11 (2024).

[56] Laura Breitenbücher u. a. *Experimental Investigation of Low-Frequency Flow Phenomena on the Vehicle Underbody Using Particle Image Velocimetry*. Techn. Ber. SAE Technical Paper, 2024.

[57] SAE Road Vehicle Aerodynamics Committee u. a. "Aerodynamic Testing of Road Vehicles in Open Jet Wind Tunnel". In: *SAE Report J2071 (Open Throat Wind Tunnel Adjustments)* (2004).

[58] H Strömungsmechanik Herwig. "Einführung in die Physik von technischen Strömungen". In: *Wiesbaden: Vieweg+ Teubner* (2008), S. 163–169.

[59] Klaus Gersten. *Einführung in die Strömungsmechanik*. Springer, 1974.

[60] Laura Breitenbücher u. a. *Development of an Evaluation Methodology for PIV Measurements of Low-Frequency Flow Phenomena on the Vehicle Underbody*. Techn. Ber. SAE Technical Paper, 2024.

[61] Rupesh Kotapati u. a. "The Lattice-Boltzmann-VLES Method for Automotive Fluid Dynamics Simulation, a Review". In: Jan. 2009.

[62] Dassault Systèmes Simulia Corp. *PowerFLOW 2020 USER'S GUIDE*. Release 6, Revision 2. Burlington, 2020.

[63] Jerry M Chen und Yuan-Cheng Fang. "Strouhal numbers of inclined flat plates". In: *Journal of wind engineering and industrial aerodynamics* 61.2-3 (1996), S. 99–112.

[64] Ali Bakhshandeh Rostami, Mohammad Mobasheramini und Antonio Carlos Fernandes. "Strouhal number of flat and flapped plates at moderate Reynolds number and different angles of attack: Experimental data". In: *Acta Mechanica* 230.1 (2019), S. 333–349.

[65] Christian Hahn. *Experimentelle Analyse und Reduktion aeroakustischer Schallquellen an einfachen Modellstrukturen*. Friedrich-Alexander-Universitaet Erlangen-Nuernberg (Germany), 2008.

[66] Mehdi R Khorrami u. a. "Unsteady flowfield around tandem cylinders as prototype component interaction in airframe noise". In: *AIAA journal* 45.8 (2007), S. 1930–1941.

[67] Herbert Oertel. *Strömungsmechanische Instabilitäten*. Springer, 2001.

[68] Thomas Geyer, Paul Abromeit und Maximilian Prügel. "Noise generation by tandem cylinders of different diameter in cross-flow". In: *DAGA 2025 Jahrestagung für Akustik* (2025).

GPSR Compliance

The European Union's (EU) General Product Safety Regulation (GPSR) is a set of rules that requires consumer products to be safe and our obligations to ensure this.

If you have any concerns about our products, you can contact us on ProductSafety@springernature.com

In case Publisher is established outside the EU, the EU authorized representative is:

Springer Nature Customer Service Center GmbH
Europaplatz 3
69115 Heidelberg, Germany

Batch number: 10554500

Printed by Printforce, the Netherlands